咖啡的历史
The History of Coffee

很多人都不知道人类最初是怎么发现咖啡的，但流传着这样一个故事：相传，早在 9 世纪时，埃塞俄比亚有一个叫卡尔迪的牧羊人发现，他的山羊在吃了某种树（即我们现在所知道的咖啡树）上生长的红色浆果后，就开始兴奋跳跃。他对羊群的亢奋行为感到惊异，于是便摘了一些浆果向一个神职人员请教，这个神职人员听卡尔迪说完，认为这浆果是“魔鬼的诡计”，就一把将浆果扔进了火里。

没想到红色浆果里的豆子被烤熟后，竟散发出一阵令人陶醉的香味，于是他们连忙把这些豆子取出来，然后磨碎了溶到热水里——史上第一杯热咖啡就这样诞生了！

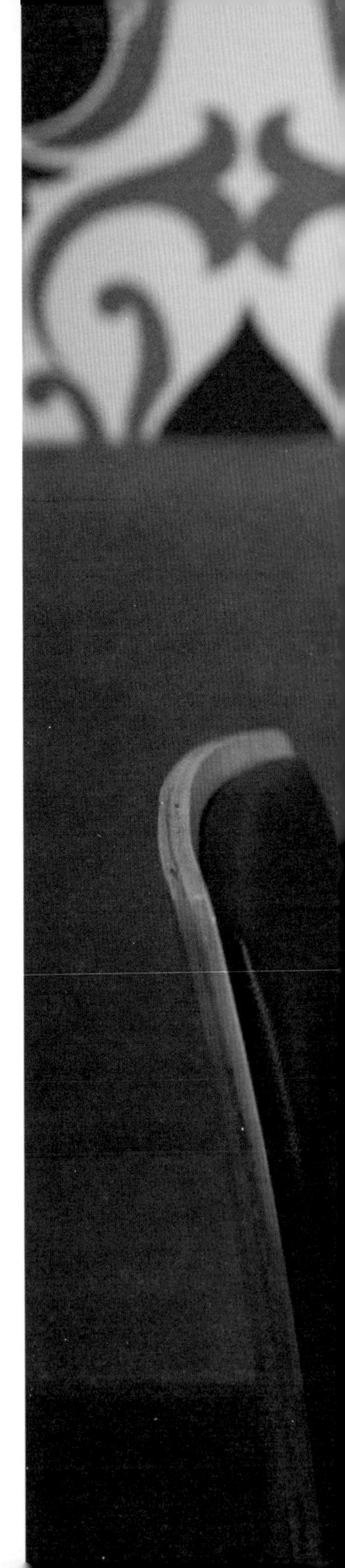

制作和供应浓缩咖啡看上去似乎是一个相对简单的工作。然而，当你自己动手时，就会发现这个过程绝不简单。事实上，它是一件挺复杂的事情，需要大量的练习。学会用咖啡机制作高品质的浓缩咖啡，就像学习洗牌一样——它的确需要练习，而一旦你掌握了技巧，就再也不会忘记。

本书详细介绍了咖啡制作工艺，搭配超赞的咖啡甜品食谱，一步一步教你成为一名真正的“咖啡大师”。只要你有一台属于自己的咖啡机，就能成为一名咖啡师。

在这本书的学习过程中，你会注意到书里多次提到“咖啡油脂”（crema）这个词。可能你会一脸茫然地问：“这是什么东西？”这是浓缩咖啡的灵魂，也是本书中所教授的咖啡制作的基础。

咖啡油脂是浓缩咖啡的精华，是一种在滤网上形成的、浮在浓缩咖啡顶部的乳脂状的金棕色提取物。浓缩咖啡中的精制油通过研磨形成胶质（非常精细的、类似凝胶的颗粒物，其沉积速度非常慢）。咖啡油脂的出现表明：一定数量的咖啡豆被研磨成粗细适中的咖啡粉，用精准比例的水，在适当的温度下，经高品质的浓缩咖啡机快速冲压，制成了浓缩咖啡。

现在你对咖啡油脂已经有了初步的了解，恭喜你已经拿到了成为“咖啡大师”的入门券。接下来请跟随我一起走进“咖啡大师”的世界，看看一杯带着咖啡油脂的咖啡如何变化出更多的美味。

前 言
Introduction

咖啡是全球贸易量最大的商品之一，贸易量位居全球第二，仅次于石油。全球有 70 多个国家种植咖啡，其中大部分国家的经济发展依赖于咖啡种植。

目 录

Contents

图书在版编目（CIP）数据

咖啡师的冲煮秘籍 / (澳) 米奇・福克纳著；杨莉莉，张丽云译. — 南京：江苏凤凰科学技术出版社，2022.1

ISBN 978-7-5713-1577-1

Ⅰ. ①咖… Ⅱ. ①米… ②杨… ③张… Ⅲ. ①咖啡 - 基本知识 Ⅳ. ①TS273

中国版本图书馆CIP数据核字（2020）第237879号

咖啡师的冲煮秘籍

著　　者	[澳]米奇・福克纳
译　　者	杨莉莉　张丽云
责任编辑	祝　萍　向晴云
特约编辑	韦　玮
营销编辑	李丽妍　刘　彩
责任校对	仲　敏
责任监制	方　晨
出版发行	江苏凤凰科学技术出版社
出版社地址	南京市湖南路 1 号 A 楼，邮编：210009
出版社网址	http://www.pspress.cn
印　　刷	佛山市华禹彩色印刷有限公司
开　　本	889 mm×1194 mm　1/32
印　　张	8
字　　数	160 000
版　　次	2022 年 1 月第 1 版
印　　次	2022 年 1 月第 1 次印刷
标准书号	ISBN 978-7-5713-1577-1
定　　价	58.00 元

从那以后，咖啡就成了政治家、上流社会和精英阶层所偏爱的饮品。那么，在西方文化历史的发展过程中，当初那一杯偶然被发现的咖啡到底是如何完成华丽转身的呢？

17 世纪中期，奥斯曼帝国与威尼斯贸易繁荣发展，咖啡便通过贸易往来从奥斯曼帝国传到了意大利。威尼斯第一家咖啡馆于 1645 年开业。随后，一个意大利人在巴黎开了第一家咖啡馆。也就是在那里，一杯又一杯的热咖啡陆续见证了伏尔泰、卢梭、狄德罗等大家的哲学思想的产生，正是这些哲学思想孕育了法国启蒙运动。

很快，咖啡馆如雨后春笋般遍布欧洲大陆，成了社交活动的聚集点。到了 1675 年，英国已经有 3000 多家咖啡馆。当局者开始害怕咖啡馆成为滋生政治反对派的温床，担心他们以喝咖啡为由聚在一起揭发君主的丑闻。虽然当时的确有人在伦敦最早的咖啡馆里密谋刺杀威廉三世，但也正是在这家咖啡馆里，诞生了英国最早的上市股票，而这家咖啡馆也逐渐演变成了伦敦证券交易所。而且，18 世纪在当地各咖啡馆里举行的拍卖会也为后来著名的苏富比拍卖行和佳士得拍卖行奠定了基础。

到了 1901 年，第一台浓缩咖啡机通过了专利申请，这种咖啡机能够让热水在高压下通过研磨的咖啡粉冲煮出咖啡。可惜，开水的高温度会让咖啡产生一种烧焦的苦味。不过，到了第二次世界大战时期，活塞式咖啡机替代了蒸汽式咖啡机，而前者可以保持最佳水温。因为早期在制作咖啡的过程中需要拉下弹簧活塞上的手柄，迫使热水高压通过咖啡粉，所以，活塞式咖啡机也被俗称为“拉一枪”（pulling a shot）。

到了 20 世纪 60 年代，泵压式咖啡机取代了手动活塞式咖啡机，成为意式浓缩咖啡机的标准配置。同时，咖啡馆也成为“垮掉派”诗人和民谣歌手们进行反文化表演的场地，诸如鲍勃·迪伦以及琼·贝兹等当时都是咖啡馆的常客。

到了 20 世纪七八十年代，随着咖啡馆连锁经营模式的爆发性发展，咖啡开始以全新的面貌呈现。让这些咖啡连锁店的经营者们引以为豪的是：他们拥有优质的咖啡豆和顶级的设备来制作质优味美的咖啡。

到了 20 世纪 90 年代，家用浓缩咖啡机的出现，让消费者在家也能制作出咖啡馆级别的优质咖啡。这种咖啡机安装了一个高压泵，可以生成优质的咖啡油脂，同时还配有一根能让牛奶起泡的搅拌棒，让消费者在家就能制作浓缩咖啡——用其制作的咖啡品质之高堪比用商用咖啡机所制作的。

Getting Start

入门

首先，你得想好使用哪款咖啡机。市面上有多款好用的家用咖啡机——可以找你最信任的零售门店，让专业人士给你介绍每款咖啡机的性能，这样你就得以了解哪款机器能够满足你的需求。其次，你还得购买最好的研磨机，以确保能将咖啡粉研磨得很好，不会烧焦。最后，也是最重要的一点：你得进行各种咖啡混合实验，确保咖啡豆和烘焙程度都可以令自己满意。

创作完美的浓缩咖啡：4M 原则 Creating the Perfect Espresso: the Four Ms

“Espresso”是指用高压热水冲煮精细研磨的咖啡粉形成的饮品。正是这个冲煮的过程产生了珍贵的咖啡油脂，而这层浓稠、丝滑的黄褐色泡沫，正是浓缩咖啡的标志。

制作一杯完美的浓缩咖啡需要遵循下文将要介绍的 4M 原则：MISCELA（混合咖啡）、MACINAZIONE（咖啡豆的研磨方法）、MACCHINA（浓缩咖啡机）和 MANO（咖啡师的技能）。

MISCELA——混合咖啡

将不同品种的咖啡豆进行混合，主要出于以下几个原因：或是为了创造出一种标志性的混合咖啡，或是为了平衡不同种类咖啡的香味，或是突出某个特定产地的咖啡（即单品咖啡）独有的味道。

阿拉比卡咖啡和罗布斯塔咖啡有何区别？

咖啡制作中常用到的两种咖啡是阿拉比卡咖啡和罗布斯塔咖啡。阿拉比卡咖啡的产量大约占全球咖啡产量的三分之二，原产地在也门群山，目前在埃塞俄比亚的西南高地、苏丹东南部、拉丁美洲、印度以及印尼的某些地方都有种植。

阿拉比卡咖啡喜好高纬度的特性，让它获得了“高山咖啡”的称号，其中就包括稀有昂贵的牙买加蓝山咖啡。

阿拉比卡咖啡的独特香味优于罗布斯塔咖啡，也正是这个原因，很多混合咖啡声称自己拥有“100% 阿拉比卡咖啡”的认证。

罗布斯塔咖啡是中果咖啡的一种，大约占全球咖啡产量的三分之一。因为能够在低纬度生长，所以它的种植成本更低。罗布斯塔咖啡的主要产地有：西非、中非、巴西、东南亚（尤其是越南）等。它的咖啡因含量是阿拉比卡咖啡的两倍，也更能抵御虫害。罗布斯塔咖啡通常比阿拉比卡咖啡更苦，带有一种泥土味，甚至是霉味。

不过，你不要因此彻底拒绝罗布斯塔咖啡：只有低等的罗布斯塔种会被做成速溶咖啡，优质的罗布斯塔种依然用来制作混合浓缩咖啡。咖啡店或许会优选阿拉比卡种，但是由于阿拉比卡种的种植成本高，所以如果在阿拉比卡咖啡中混合一些罗布斯塔咖啡，可以降低成本。

意大利很多咖啡供应商都会在混合咖啡中添加 10% 的罗布斯塔咖啡，以提高咖啡油脂的稠度。

法国人比较喜欢苦咖啡，所以在法国罗布斯塔咖啡和阿拉比卡咖啡的混合比例高达 45:55。

这也可以归结为个人口味的差异。因为大多数喝咖啡的人习惯了从超市购买的罗布斯塔咖啡的味道，所以你也可能会喜欢上阿拉比卡咖啡那醇美的味道中混合着罗布斯塔咖啡带来的一点苦味。

咖啡烘焙

烘焙迫使咖啡豆脱水，并将挥发油带到豆子表面，而浓缩咖啡香味的精华就在这些挥发油中。咖啡豆的颜色越深，表明其烘焙时间越久。相比于浅色咖啡豆，深色咖啡豆的咖啡因含量更少。咖啡豆经过烘焙机脱水后，体积变大，但是由于水分脱离，重量反而减轻了。

目前还没有精准的术语可以用于描述咖啡烘焙。“维也纳咖啡”“意大利咖啡”“法国咖啡”和“美国咖啡”都不是指咖啡豆的原产地，而是指咖啡烘焙的程度，而烘焙程度取决于烘焙机的标准。

找到合适的混合咖啡

要想得到浓缩咖啡的最佳混合配方，一个好办法是直接选择精品咖啡供应商烘焙出来的咖啡豆。无数的精品咖啡供应商通常会自己精选生豆，然后进行烘焙，并拼配成各种不同的混合咖啡。很多供应商都提供在线订购业务，你可以在网上订购优质的熟豆单品或配好的混合咖啡，快递直接送货上门。有些供应商还会提供体验装让顾客品尝，这样你就能选择更适合自己口味的混合咖啡。还有一些供应商甚至可以根据你的需求，将不同产地的咖啡进行混合。

咖啡中含有 800 多种不同的芳香物质——有淡淡的巧克力味，也有雪茄一样呛人的余味——这些精品咖啡供应商花费多年时间甄选不同的咖啡进行混合，合成了各种口味、适于各种场合，甚至满足各种健康和生态伦理需求的咖啡。

公平贸易认证

全球大部分咖啡作物种植于发展中国家。近年来，我们可以购买经过公平贸易认证的咖啡，从而更好地支持这些咖啡种植者。公平贸易认证意味着，我们能够绕过那些歧视贫弱种植户的传统贸易商，直接以公正的价格从种植户那儿购买咖啡。公平贸易合作能够促使资金流向重要的基础设施建设，例如修建学校和医院，从而有助于这些贫困地区的可持续发展，并改善当地的生活质量。

雨林联盟认证

雨林联盟是一个国际非营利组织，它的使命是通过改变土地利用模式、商业和消费者的行为，保护生物多样性和实现可持续发展。在雨林联盟认证（RFA）的咖啡种植地，水、土和野生动物栖息地都能得到很好的保护。这里的工人待遇好，居民都有良好的受教育和医疗救助机会。所以，咖啡消费者和咖啡产地都能从中受益。

有机咖啡

有机咖啡是指咖啡种植过程中没有使用化学物质。咖啡种植过程中不使用合成化学物质，包括杀虫剂和除草剂等，而是使用有机肥料。

脱因咖啡

咖啡爱好者喝了一杯质量上乘的咖啡后，从中获得的愉悦感通常与咖啡因无关，而与咖啡的浓郁香味有关。

优质的脱因咖啡虽然没有了咖啡因，但是仍然能够让消费者感受到这种愉悦感。

脱因咖啡一般采用瑞士脱因咖啡公司的方法制作，这种方法是瑞士脱因咖啡公司在 20 世纪 30 年代发明的。制作这种脱因咖啡时，首先要将咖啡生豆浸泡在热水中以释放咖啡因，然后将咖啡生豆取出。接着，让热水流经炭过滤器，去除其中的咖啡因，但保留咖啡的风味因子。去除了咖啡因的生豆，可使用上述经过滤的热水浸泡，从而实现生豆 99.9% 不含咖啡因，但是咖啡香味尚存。

如果只想减少咖啡因摄入量，而不想喝完全去除咖啡因的咖啡，可以选用 100% 纯阿拉比卡咖啡，因为阿拉比卡咖啡的咖啡因含量大概只有罗布斯塔咖啡的一半。

MACINAZIONE——
咖啡豆的研磨方法

任何闻过新鲜研磨的咖啡豆的人都知道，咖啡的味道在豆子刚刚研磨出来的时候是最香醇的。

实际上，聪明的咖啡师只会在马上要制作浓缩咖啡之前才开始研磨咖啡豆。严苛的咖啡爱好者认为，研磨好的咖啡粉在空气中暴露30秒之后再用来做浓缩咖啡就不够新鲜了。的确，随着时间流逝，研磨好的咖啡粉的香味会慢慢流失，但如果保存得当，可以减缓这个过程。

如何保存咖啡豆

如果你打算购买研磨好的咖啡粉，要记住的是：所有的咖啡都很容易变质。研磨好的咖啡粉尤其如此，因为研磨好的咖啡粉有更大的空气接触面积。因此，咖啡豆通常是真空包装，但是这个方法也只能让咖啡豆保鲜几周。事实上，很多预先包装的进口咖啡，要经过几个月才在超市上架，当你购买时，新鲜度已经有所下降。

因此，最好的方法是在冲煮之前才研磨咖啡豆，或者每周购买新鲜的咖啡豆。如果觉得这样不可行，那就尽量每次少量购买咖啡豆，并将其储存在密封的防水容器中，放在阴凉处。最理想的容器是带有橡胶塞的玻璃罐或陶瓷罐。

千万不要将咖啡豆放在冰箱或冰柜中。当你从冰箱中拿出冷的咖啡豆放在室温环境下时，它的表面会凝结一层水，而这会破坏咖啡的芳香油。咖啡豆和茶叶一样，会吸附外来气味，所以你要防止咖啡豆与其他食物混杂放置，以免其他食物的气味影响了咖啡豆的味道。

选哪种研磨机

众所周知，预先研磨好的咖啡粉比不上你自己研磨的咖啡粉。而且，全豆比研磨好的咖啡粉保存的时间更久，所以，购买全豆，在制作咖啡之前再进行研磨才是最好的方法。市场上主要有两种家用咖啡研磨机——刀片式研磨机和磨盘式研磨机。

刀片式研磨机

这种研磨机操作起来就像一个小型家用搅拌机——利用快速转动的刀片切碎咖啡豆。这种机器可以产生不同的研

磨效果，研磨出的咖啡粉大到块状，小到细粉。这种不均匀的研磨效果适用于炉面烹制咖啡或滴滤咖啡壶，但不适用于泵传动或活塞传动的浓缩咖啡机，因为后两种咖啡机需要使用细粉。这种研磨机也会对咖啡豆进行加热，从而影响咖啡质量。

磨盘式研磨机

使用磨盘式研磨机能实现均匀研磨，让咖啡粉颗粒均衡一致，这对于制作浓缩咖啡尤其重要。如果咖啡粉的颗粒大小一致，就能均衡萃取；如果咖啡粉的颗粒大小不一致，就会造成有些颗粒被过度萃取，有些颗粒则萃取不足，导致咖啡味道不佳。

磨盘式研磨机有电动和手动之分。它们内置波纹形钢磨盘，通过转动磨盘，切削咖啡豆。这种机器的优点是可进行研磨程度的调整，实现不同的研磨程度，适用于各式各样的咖啡机。磨盘式研磨机研磨时也能减少热量产生，从而降低对咖啡味道的影响。

在购买家用研磨机之前，要仔细考虑你的预算，以及你准备花费多少时间在机器的使用和维护上。相对而言，手动磨盘式研磨机更便宜，但操作起来比较费劲。电动磨盘式研磨机则价格越高，能实现的研磨效果越好，所以，在预算充足的情况下，电动磨盘式研磨机更值得推荐。正确的咖啡研磨度是制作高质量浓缩咖啡的一个重要因素——你可能需要一段时间的尝试，才能调整出一致的研磨度，以符合特定浓缩咖啡机的要求。如果你购买的研磨机无法实现咖啡机要求的研磨度，那就是一种浪费。

有些新款的电动磨盘式研磨机配备了精确研磨的电子感应功能，以及控制分量的容器，能够精确测出每次需要多少量的咖啡豆。电动磨盘式研磨机还是值得投资的，因为全豆的保鲜时间比预先研磨好的咖啡粉要长，而且你可以按照咖啡机的要求调整研磨度，从而制作出一杯完美的浓缩咖啡。

与所有用于制作食物的设备一样，研磨机也需要经常进行维护和清洁，才能保持最佳使用状态。当研磨机中还有咖啡粉残渣时，不要加入新鲜烘焙的咖啡豆继续研磨。

不管是自己研磨咖啡粉，还是购买预先研磨好的咖啡粉，一定要确保咖啡粉的研磨度与你的咖啡机相适应。

咖啡机类型	咖啡粉研磨度
活塞咖啡机	中细
滴滤式冲煮法	细
浓缩咖啡和炉面烹制咖啡	超细
希腊和土耳其咖啡	粉状

咖啡粉的研磨度决定了咖啡的萃取速度。如果研磨度太粗，就会冲煮出不含咖啡油脂、淡而无味的咖啡；如果研磨度太细，就会过度萃取，让咖啡变苦。

同时，咖啡粉的研磨度一定要一致，才能确保咖啡的味道最佳。一般来说，咖啡制作的方法越快，就要求研磨度越精细。

对于浓缩咖啡机而言，咖啡粉一定要研磨精细，但又不能太细。如果研磨得太细——比如研磨成粉状，尤其当用手指揉搓咖啡粉，感觉有点像面粉时，那么即使在加压条件下水也无法流过咖啡粉。在使用浓缩咖啡机的情况下，研磨好的咖啡粉应该像盐一样，摸起来有沙砾感。

如果水流太慢或者流不动，则说明咖啡粉研磨得太细了。或者还有另一种可能，就是使用的咖啡质量不好，而且填塞咖啡粉所使用的压力不恰当。

咖啡机的功率越大，能产生的压力越大，因此可以接受的咖啡粉的研磨度越细。但是，如果咖啡粉研磨太细，或者填充太紧实，加压的水就无法流过咖啡粉，咖啡有可能从滤网支架周围喷出来。

根据咖啡机的要求选择恰当的研磨度，是制作浓缩咖啡的关键。在找到最佳的研磨度之前，你需要在研磨机上测试不同研磨指数的精细程度。

如果你需要超精细研磨度，可以用研钵和研杵捣咖啡豆，但这样做通常会降低咖啡粉的均匀程度，既无法达到希腊咖啡或土耳其咖啡的研磨要求，对于浓缩咖啡而言，也太精细了。

MACCHINA——浓缩咖啡机

电动无泵咖啡机是当下最畅销的家用咖啡机。这种入门级的咖啡机比泵传动咖啡机更便宜，但依然能够制作出拿得出手的澳式黑咖啡（Long Black）。不过，无泵咖啡机主要靠蒸汽压力。若蒸汽压力不够大，则无法制作出那种咖啡馆级别的咖啡油脂——这是很多咖啡饮料的基础，也是在家自制咖啡拉花的前提条件。

如果你想在自家厨房获得与咖啡馆一样的体验，你需要购买一台活塞式或泵传动咖啡机，这样的机器能够产生足够大的压强，让热水冲煮咖啡细粉。

浓缩咖啡机压强的测量单位是标准大气压（atm）或磅力每平方英寸（psi）。无泵咖啡机产生的平均压强为 3 atm 或 44 psi，而泵传动咖啡机的压强可以达到 9 ~ 17 atm 或 132 ~ 250 psi。

家用浓缩咖啡机的最新技术是热阻隔系统，这个系统用热阻隔代替了烧水器。由于热阻隔系统具有瞬时烧水的功能，所以能够持续提供蒸汽，让牛奶起泡（虽然容器里面仍然有水）。

如果你希望提高制作咖啡的技能，体验咖啡拉花，那么你至少需要一台泵传动咖啡机或活塞式咖啡机。如果你认为操作方便更重要，那么也可以选择自动咖啡机，它可以代你完成整个咖啡制作的繁杂流程。你只要按下不同的按钮，就能启动不同的程序，制作出不同类型的咖啡。市面上也有结合了普通滴滤模式的浓缩咖啡机，有些家庭希望既能冲煮浓缩咖啡也能冲煮滴滤式咖啡，那么这类咖啡机就非常适合。

MANO——咖啡师的技能

“Mano”在意大利语中指的是“咖啡师的天赋”。“Barista”在意大利语中是“调酒师”的意思，但是现在已经变成特指擅长咖啡制作技术的人。

就算你购买了一台最先进的浓缩咖啡机，制作咖啡还是需要多练习。首先最重要的是要了解自己的设备，包括研磨机和浓缩咖啡机。一定要认真阅读使用手册。虽然现在的家用浓缩咖啡机对技术的要求降低了，但它操作起来依然比较复杂。所以刚开始使用时，你需要进行自我培训，学习如何操作。比如，你要知道如何正确填充滤篮，如何填压咖啡粉，以及让牛奶起泡的最佳运转方式等。

与所有技能一样，制作完美的浓缩咖啡也需要不断练习。制作咖啡的时候没有什么重启开关或撤销按钮，所以要想制作出带有完美咖啡油脂的咖啡，必然要不断试错。不过你也不用太紧张，因为学着成为一名家庭咖啡师只是拥有咖啡机后能体验到的其中一部分乐趣而已。只要有耐心，你一定能做到冲出的每一杯咖啡都带有漂亮的咖啡油脂——这是真正的浓缩咖啡的标志。

如果想要用咖啡机制作出好咖啡，你一定要遵循以下 5 个基本步骤：

1. 彻底清空咖啡陈渣。

2. 冲洗掉咖啡陈渣。

3. 擦把手。

4. 轻轻地把咖啡粉装好。

5. 用合适的力道填压咖啡粉（注意力道不能太大）。

Coffee Art
咖啡拉花

有人说制作咖啡是一门科学，因为从咖啡豆的烘焙、研磨，再到成品咖啡的最佳冲泡温度，都需要仔细地钻研。那么拉花和雕花——在咖啡表面创造独特的图像，就是一门艺术。咖啡拉花（Coffee Art 或 Latte Art）是咖啡沫和奶沫的完美结合。制作奶沫的第一步是将浓缩咖啡机上的蒸汽棒插入牛奶中，加热牛奶，注意用手感受温度的变化，当牛奶加热到盛装它的拉花杯烫手时就可以了（注意不能将牛奶煮沸）。经过打发后，牛奶会产生奶泡（也可以称为细奶泡），其质地光滑细腻，如蛋白糖一般。而同时产生的大泡沫则不利于创作咖啡拉花。

创造咖啡拉花的精髓在于将打好的奶沫注入咖啡的过程。要稳定地将奶沫注入浓缩咖啡的中央，使奶沫与咖啡融合，消失在咖啡沫的棕色层下或出现分层（这取决于你设计的图案）。茶匙和其他工具可以用来在“棕色画布”上制作起装饰作用的小滴奶泡，完善精妙有趣的图案。你会惊异于用雕花针或茶匙创作出的图案的丰富度，从海鸥到心形，从花朵到树叶，从嘴唇到笑脸，五花八门，令人惊喜。

注入奶沫的时候要特别小心，不要冲散咖啡沫。使用茶匙、牙签或是其他带尖头的工具，配合着质量上乘的拉花杯，就能让奶沫与咖啡融合，绘制出你想要的图案。

倒入成形式图案

Free-Poured Patterns

最难的咖啡拉花是“倒入成形”式，即直接用奶沫绘制像心形、树叶、郁金香这样的图案。

只要按照图案的形状简单地移动拉花杯，就可以绘制出你想要的图案。这是个熟能生巧的技术活儿，不要因为一次的失败而沮丧。需要注意的是，品质完美的咖啡和牛奶是一切咖啡拉花成功的前提和保障。

注入奶沫

冲煮浓缩咖啡，同时将牛奶打发至绵密细腻。

从拉花杯杯口将奶沫稳定倒出。当奶沫和咖啡融合至五分满时，将拉花杯贴近咖啡油脂，奶泡就会在咖啡表面成形。

要尽快倒入奶沫，直至满杯：握住杯耳，微微倾斜，慢慢地把奶沫倒入咖啡油脂中。奶沫不能倒得太慢，因为这样会使拉花杯里残存一些奶沫，但也不能操之过急，因为这样会冲散咖啡沫。将奶沫从几个不同的点慢慢地注入杯中，使其与咖啡油脂很好地融合。

在注入奶沫的过程中，当注入到咖啡杯五分满以上时，就要开始往杯子边缘倒入奶沫。接着慢慢地、稳定地把拉花杯杯嘴从一边移到另一边，注意要利用手腕做这个动作，轻巧一些，千万不要让奶沫在拉花杯里晃动。手腕水平地左右来回晃动，直到看到奶泡出现为止。如果出现清晰的白线，说明你操作正确。一旦你看到奶沫和咖啡油脂融合，就可以开始拉花了。持续练习，一定可以做出你想要的拉花。

1. 用拉花杯向咖啡杯中咖啡油脂的中心缓缓地、稳定地注入奶沫，至奶泡逐渐浮现。
2. 大约注入到一半的时候，开始倾斜拉花杯，使咖啡表面释出一些泡沫。
3. 用拉花杯继续向咖啡杯的中心注入奶沫，使表面形成白色圆圈状的奶泡。
4. 抬高拉花杯的底部，使杯嘴靠近咖啡表面，然后将拉花杯杯嘴稍稍向上提起并慢慢往心形前端注入奶沫，以舀的手势将拉花杯拉到咖啡杯的另一边，勾出一个细尖。

郁金香 Tulip

1. 郁金香图案与心形图案相似。制作时，通过几个奶泡形成层次，绘制出郁金香图案的拉花。
2. 从咖啡杯的一端开始注入奶沫，直到在咖啡中形成第一个奶泡。
3. 把拉花杯朝自己站立的方向移动一些，再往咖啡杯中注入奶沫，形成一个小一点的奶泡。
4. 抬高拉花杯的底部，使杯嘴靠近咖啡表面，然后将拉花杯杯嘴稍稍向上提起，再慢慢往第二个奶泡的顶端注入奶沫，以舀的手势将拉花杯拉到咖啡杯的另一边，勾出一个细尖。

树叶 Rosetta

1. 用拉花杯慢慢往咖啡杯中倒入奶沫，注意不要冲散咖啡油脂，为之后的拉花打好基础，也便于奶沫和咖啡油脂分离形成图案。
2. 当拉花杯中的奶沫注入到咖啡杯一半满的时候，左右摇晃拉花杯，直到咖啡表面形成奶泡。继续左右摇晃拉花杯，使注入咖啡杯中的奶泡形成折叠状的白色线条，再将拉花杯一边左右摇晃一边后移着往咖啡杯中注入奶沫。
3. 拉花杯后移至咖啡杯杯沿时，将拉花杯杯嘴稍稍向上提起，然后以舀的手势将拉花杯回拉到叶子的中心。

注意

要想拉花的图案呈现出更多稀疏的叶子花纹，就要快速地将拉花杯从咖啡杯的一侧移动到另一侧；反之，则缓慢移动即可。

双翅树叶／Double Rosetta

1. 用拉花杯慢慢往咖啡杯中倒入奶沫，注意不要冲散咖啡油脂，为之后的拉花打好基础，也便于奶沫和咖啡油脂分离形成图案。
2. 当拉花杯中的奶沫注入到咖啡杯一半满的时候，左右摇晃拉花杯，直到咖啡表面形成奶泡。继续左右摇晃拉花杯，使注入咖啡杯中的奶泡形成折叠状的白色线条，再将拉花杯一边左右摇晃一边后移着往咖啡杯中注入奶沫。
3. 拉花杯后移至咖啡杯杯沿时，将拉花杯杯嘴稍稍向上提起，然后以舀的手势将拉花杯回拉到叶子的中心。
4. 在杯子的另一侧重复步骤 2 ~ 3，即可完成这一图案。

注意

要想拉花的图案呈现出更多稀疏的叶子花纹，就要快速地将拉花杯从咖啡杯的一侧移动到另一侧；反之，则缓慢移动即可。

树叶和巧克力花环

Rosetta with Chocolate Wreaths

1. 用拉花杯慢慢往咖啡杯中倒入奶沫，注意不要冲散咖啡油脂，为之后的拉花打好基础，也便于奶沫和咖啡油脂分离形成图案。
2. 当拉花杯中的奶沫注入到咖啡杯一半满的时候，左右摇晃拉花杯，直到咖啡表面形成奶泡。继续左右摇晃拉花杯，使注入咖啡杯中的奶泡形成折叠状的白色线条，再将拉花杯一边左右摇晃一边后移着往咖啡杯中注入奶沫。
3. 拉花杯后移至咖啡杯杯沿时，将拉花杯杯嘴稍稍向上提起，然后以舀的手势将拉花杯回拉到叶子的中心。
4. 用巧克力酱在树叶图案的两侧画两条“之”字形纹路。再用干净的雕花针蘸上巧克力酱，沿“之”字形的中轴从顶部往下拉，绘制出花环图案。

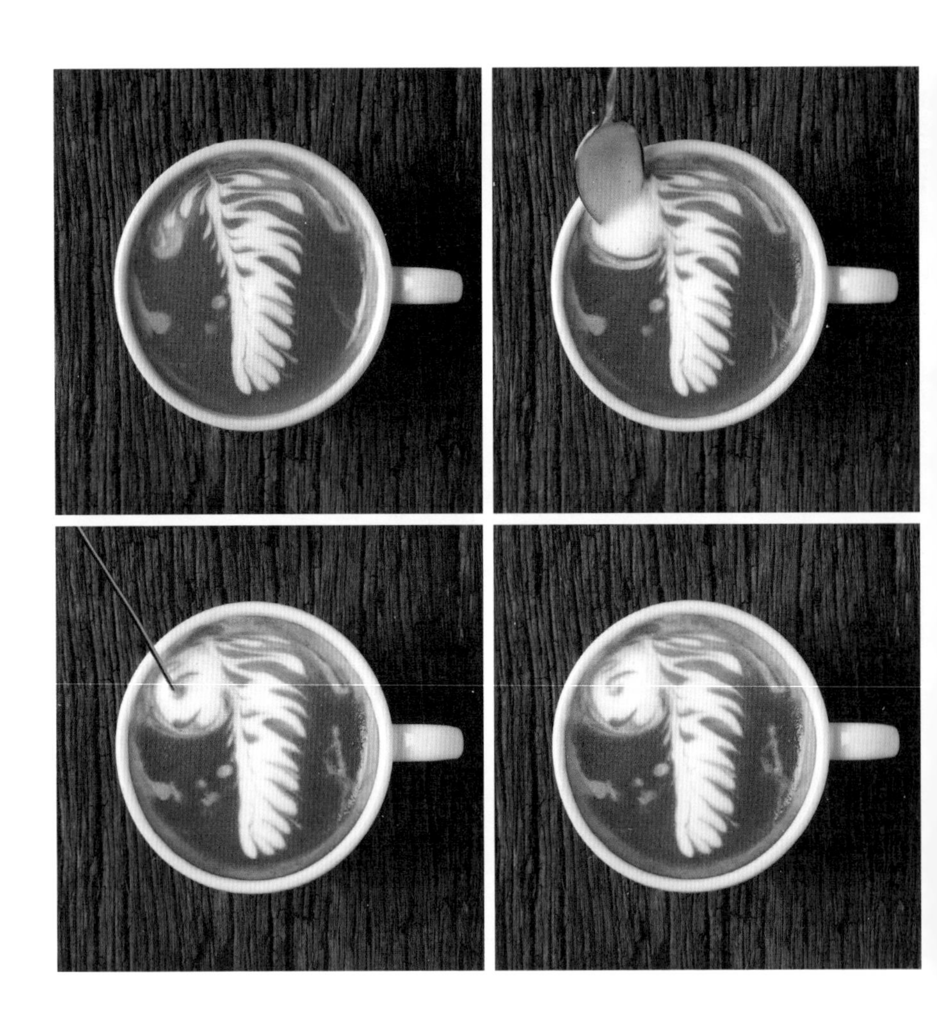

印第安人头像

Indian Head

1. 拉出一个树叶图案（见 P39）。
2. 用茶匙从拉花杯中舀出一些奶沫，置于咖啡杯中树叶图案的左侧。
3. 最后用干净的雕花针在咖啡沫中勾勒出一只眼睛和一张嘴。

心与心链

Heart with Chain of Hearts

1. 在咖啡的一侧拉出一个心形图案（见 P35）。
2. 用勺子从拉花杯里舀出一些奶沫，在心形图案的旁边点上一个白点，然后在这一白点的下方重复此步骤 2 次。
3. 将干净的雕花针伸入咖啡沫中，从最顶部的奶泡开始，沿着所有奶泡的中心，将雕花针拖动至最后一个奶泡的底部。

雕花图案
Etched Patterns

牛奶雕花是咖啡拉花的一种，它通过用奶沫与咖啡的对比来描绘图案。

制作雕花图案，注入奶沫时要多加注意，应避免冲散咖啡油脂。可以使用茶匙、牙签、温度计的尖端或类似的工具将奶沫置于咖啡表面，创作所需的图案。

这是个耗时的活儿，不要急于尝试奇特花哨的东西，要始终记得：提供一杯美味的热咖啡才是最重要的。

海贝 Seashell

1. 将拉花杯中的奶沫注入咖啡杯里浓缩咖啡的中心，使其在咖啡表面形成一个圆形的白色奶泡。如果失败了，可以用茶匙从拉花杯里舀出一些奶沫，放在咖啡表面中心的位置。
2. 将勺子柄或雕花针伸入咖啡的白色奶泡中。
3. 将咖啡杯杯面想象成钟面，从 12 点钟方向开始，将伸入白色奶泡的勺子柄或雕花针从杯子的边缘拉到杯子中心，并绕着杯子重复这一步骤。
4. 用干净的雕花针在咖啡杯中由中心向外螺旋状画圈直至杯沿。

花朵 Flower

1. 将拉花杯中的奶沫注入咖啡杯里浓缩咖啡的中心，使其在咖啡表面形成一个圆形的白色奶泡。
2. 将雕花针蘸着白色奶泡，伸入咖啡油脂中，由外向中心画弧。
3. 绕着咖啡杯内沿重复几次步骤 2 的动作，完成整个图案即可。

纸风车 Pinwheel

1. 将拉花杯中的奶沫慢慢地倾入咖啡杯中，注意不要冲散咖啡油脂，为之后的拉花打好基础，也便于奶沫和咖啡油脂分离形成图案。
2. 在注入奶沫的过程中，将拉花杯杯嘴贴近并往咖啡表面倾斜，这样奶沫就会和咖啡油脂分离，形成一个白色的奶泡。
3. 将雕花针蘸着白色奶泡，伸入咖啡油脂中，由外向中心画弧：线条越多，图案越清晰。
4. 勾勒完线条后，再用干净的雕花针蘸些许棕色的咖啡沫，在线条末端靠近咖啡杯边缘的地方轻点一下。重复此动作直到点完所有线条。

太阳

Sun

1. 将拉花杯中的奶沫注入咖啡杯里浓缩咖啡的中心，使其在咖啡沫上形成一个圆形的白色奶泡。如果失败了，可以用茶匙从拉花杯里舀出一些奶沫，放在咖啡表面中心的位置。
2. 将雕花针伸入白色奶泡的边缘，以 S 形轨迹绕奶泡一周进行勾勒。
3. 洗净雕花针，蘸上咖啡沫，在白色奶泡上画一张笑脸。

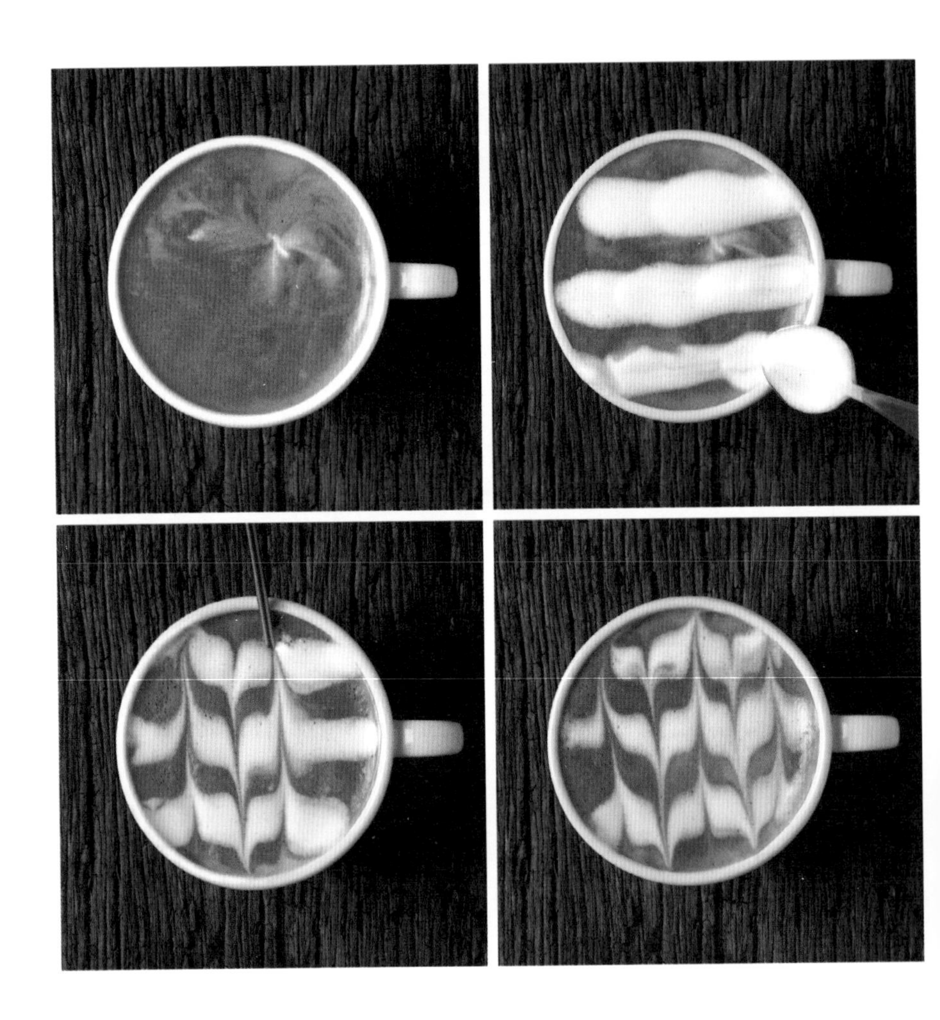

海鸥 Seagulls

1. 将拉花杯中的奶沫慢慢倾入咖啡中，使咖啡变成棕色，为拉花打好基础。
2. 用勺子从拉花杯里舀出一些奶沫，在咖啡表面画几条平行线。
3. 把雕花针伸入奶沫平行线的最顶端，下拉穿过所有线条至另一端，再反方向回拉，间距如图所示。重复这个步骤，直到海鸥图形铺满整个杯面。

心之链

Chain of Hearts

1. 将拉花杯中的奶沫慢慢倾入咖啡中，使咖啡变成棕色，为拉花打好基础。
2. 用勺子从拉花杯里舀出一些奶沫，置于咖啡表面，使之形成一个白色圆形的奶泡。在这个奶泡下方，再重复这个步骤 2 次。
3. 将干净的雕花针伸入咖啡沫中，从最顶部的奶泡开始，沿着所有奶泡的中心，将雕花针拖动至最后一个奶泡的底部。

埃及之眼 Egyptian Eye

1. 将拉花杯中的奶沫注入咖啡杯里浓缩咖啡的中心，使其在咖啡表面形成一个圆形的白色奶泡。如果失败了，可以用茶匙从拉花杯里舀出一些奶沫，放在咖啡表面中心的位置。
2. 用雕花针蘸上咖啡沫，在白色奶泡上画出一个椭圆，再蘸一下咖啡沫，在椭圆上方画一条眉毛。洗净雕花针，再次蘸上咖啡沫，在椭圆里画一个圆。再用雕花针蘸一点咖啡沫，在圆圈内画一个瞳孔。
3. 洗净雕花针，再将其伸入咖啡表面的椭圆中，然后稍拖出来，画出眼睫毛。

吃幽灵的吃豆人

Pac Man Eating a Ghost

1. 将拉花杯中的奶沫注入咖啡杯里的浓缩咖啡中，使其在咖啡表面的左侧形成一个圆形的白色奶泡。如果失败了，可以用茶匙从拉花杯里舀出一些奶沫，置于咖啡表面的左侧。
2. 用茶匙从拉花杯里再舀出一些奶沫，放在咖啡表面大奶沫的旁边，形成一个稍小的圆形奶泡。
3. 将一根干净的雕花针伸入大圆奶泡中，从奶泡的外缘拖动至奶泡的中部，使之形成一个宽大的嘴巴。洗净雕花针，再次蘸上咖啡沫，给吃豆人（大圆奶泡）点上眼睛。
4. 将干净的雕花针伸入小圆奶泡中，从底部向上提拉几次，形成幽灵的尾巴。洗净雕花针，再次蘸上咖啡沫，为幽灵点上眼睛。

猴子／Monkey

1. 将拉花杯中的奶沫慢慢倾入咖啡杯里的咖啡中，使咖啡变成棕色，为拉花打好基础。
2. 用一个甜点勺从拉花杯里舀出一些奶沫，在靠近咖啡杯杯沿的地方画一个大大的椭圆形白色奶泡。再用茶匙从拉花杯中舀出一些奶沫，在大奶泡的上方画一个稍小的椭圆形白色奶泡。再用茶匙在两侧画两个更小的圆形奶泡作为猴子耳朵。
3. 用雕花针蘸上咖啡沫，在最大的白色奶泡上画出猴子的嘴巴和牙齿。洗净雕花针，再次蘸上咖啡沫，在大奶泡上画出猴子的鼻子。再次洗净雕花针，蘸上咖啡沫，在顶部稍小的白色奶泡上画出猴子的眼睛。

熊猫 Panda

1. 将拉花杯中的奶沫慢慢倾入咖啡杯里的咖啡中，使咖啡变成棕色，为拉花打好基础。
2. 用一个甜点勺从拉花杯里舀出一些奶沫，在咖啡表面中间画一个大大的圆形白色奶泡。再用茶匙舀出一些奶沫，在大奶泡的两侧边缘的上方画出两只耳朵的形状。
3. 洗净茶匙，舀一些咖啡沫，画出熊猫的眼睛和耳朵内部的图案。再从拉花杯中舀一些奶沫，放在熊猫的棕色眼睛上。
4. 用一根干净的雕花针蘸点咖啡沫，点出瞳孔，再勾勒出鼻子和嘴巴。

1. 将拉花杯中的奶沫慢慢注入咖啡杯中浓缩咖啡的中心，形成一个圆形的白色奶泡。如果失败了，可以用茶匙从拉花杯里舀出一些奶沫，放在咖啡表面中心的位置。
2. 用茶匙从拉花杯中舀出一些奶沫，在圆形奶泡的两侧边缘的上方画出两只耳朵的形状。
3. 用一根干净的雕花针蘸些咖啡沫，画出耳朵内部的图案。
4. 再蘸一点咖啡沫，勾勒出小熊的眼睛和嘴巴。

小兔子

Bunny

1. 拉出一个心形图案（见 P35）。
2. 用一个甜点勺从拉花杯里舀出一些奶沫，在心形图案的下方画一个圆。
3. 用一根干净的雕花针蘸些咖啡沫，分别画出兔子的耳朵、眼睛、鼻子、嘴巴和牙齿。

鞋带

Shoelace

1. 将拉花杯中的奶沫慢慢倾入咖啡杯里的咖啡中，使咖啡变成棕色，为拉花打好基础。
2. 用勺子从拉花杯里舀出一些奶沫，覆盖住咖啡表面的一半，确保咖啡与奶沫的交界处界限分明。
3. 将一根干净的雕花针浸入白色奶泡后，再拖入咖啡沫中，一边向上移动，一边左右勾画。
4. 勾画至杯子顶端后，将雕花针沿中线回拉至底部。

兰花 Orchid Flower

1. 将拉花杯中的奶沫注入咖啡杯里浓缩咖啡的中心，在咖啡表面形成一个圆形的白色奶泡。如果失败了，可以用茶匙从拉花杯里舀出一些奶沫，放在咖啡表面中心的位置。
2. 使用温度计（带探针的类型）或者稍粗一点的雕花针蘸上白色奶泡，然后把杯面想象成钟面，在杯面边缘 12 点钟方向将温度计或雕花针伸入咖啡沫，再拉回中心。分别在咖啡表面的 3 点钟、6 点钟以及 9 点钟方向重复此步骤，形成 4 片花瓣。
3. 将洗净的雕花针伸入咖啡表面白色奶泡的中心，沿每片花瓣的中轴线拉出花脉。
4. 将雕花针蘸上咖啡沫，在花的中央点上一个棕色的点。

孔雀 Peacock

1. 首先，在咖啡表面做出一个圆形奶泡。然后，将拉花杯中的奶沫注入咖啡，形成一条较粗的白色线条，或者可以直接用勺子在咖啡表面画一条白线。再用勺子在线条顶端勾勒出孔雀的脑袋。
2. 将勺子的把手蘸上奶沫，在咖啡沫上画出一条白线，然后拖回原处，这样就可以画出一片羽毛了，将此步骤重复 3 次。
3. 用一根干净的雕花针画出孔雀的眼睛。洗净雕花针后蘸上奶沫，伸入孔雀脑袋右方的咖啡沫中，点上一些白点作为孔雀的翎羽。
4. 用一根干净的竹签蘸上一些咖啡沫，然后在每根羽毛的末端点上圆点。最后在图案底部撒上巧克力粉作为装饰。

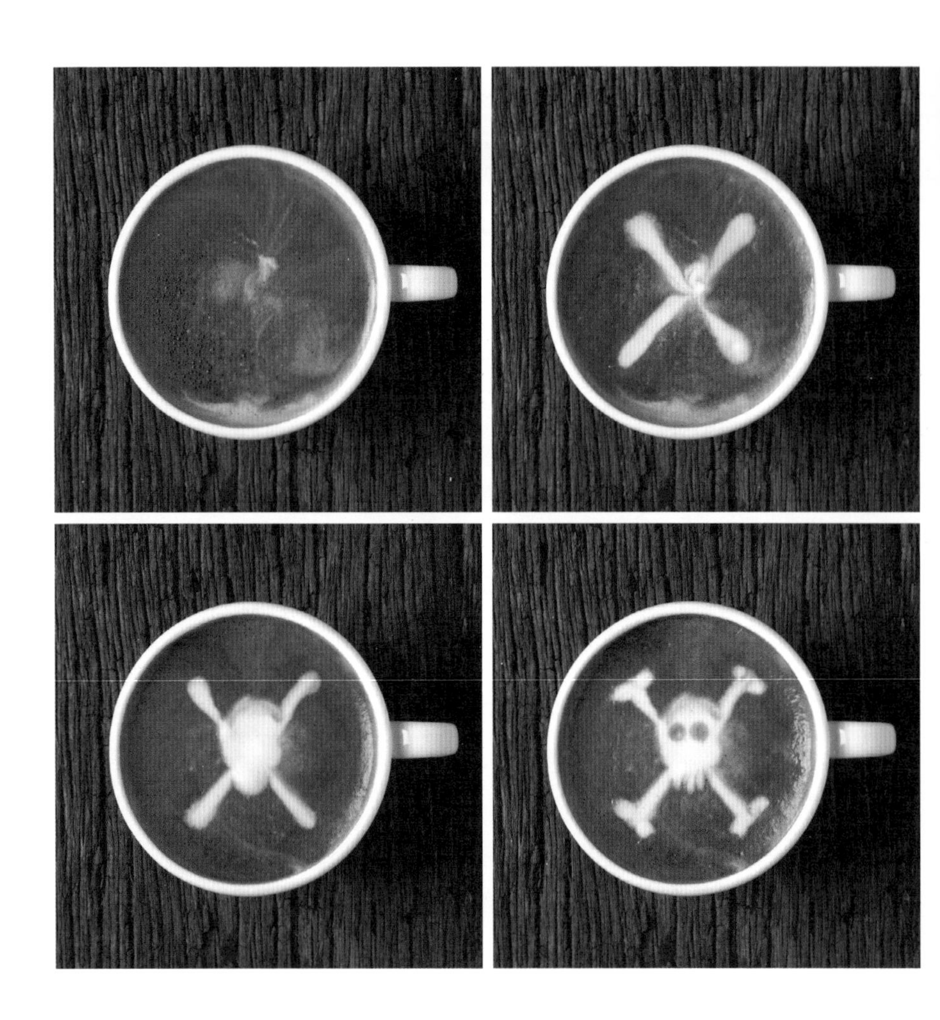

海盗头

Skull and Crossbones

1. 将拉花杯中的奶沫慢慢地倾入咖啡杯里的咖啡中，使咖啡变成棕色，为拉花打好基础。
2. 将勺子的手柄浸入咖啡表面的奶沫中，向四周拉开后再拉回中心，勾勒出骨头状。
3. 用一根干净的雕花针蘸上奶沫，在骨头的交接处画出海盗头骨。
4. 洗净雕花针，插入头骨的底部，蘸上咖啡沫后，向上拉动画出牙齿。最后将雕花针蘸上咖啡沫，画出眼睛。

旋涡心链

Swirl Chain of Hearts

1. 将拉花杯中的奶沫慢慢地倾入咖啡杯里的咖啡中，使咖啡变成棕色，为拉花打好基础。
2. 用勺子从拉花杯里舀出一些奶沫，在咖啡杯中间画一个圆形白色奶泡，并沿旋涡状路线重复这一步骤，画多个圆形奶泡排布于杯子边缘。
3. 将一根干净的雕花针浸入咖啡沫，从最靠近咖啡杯边缘的那个奶泡拉回到最中心的奶泡——须穿过所有奶泡。

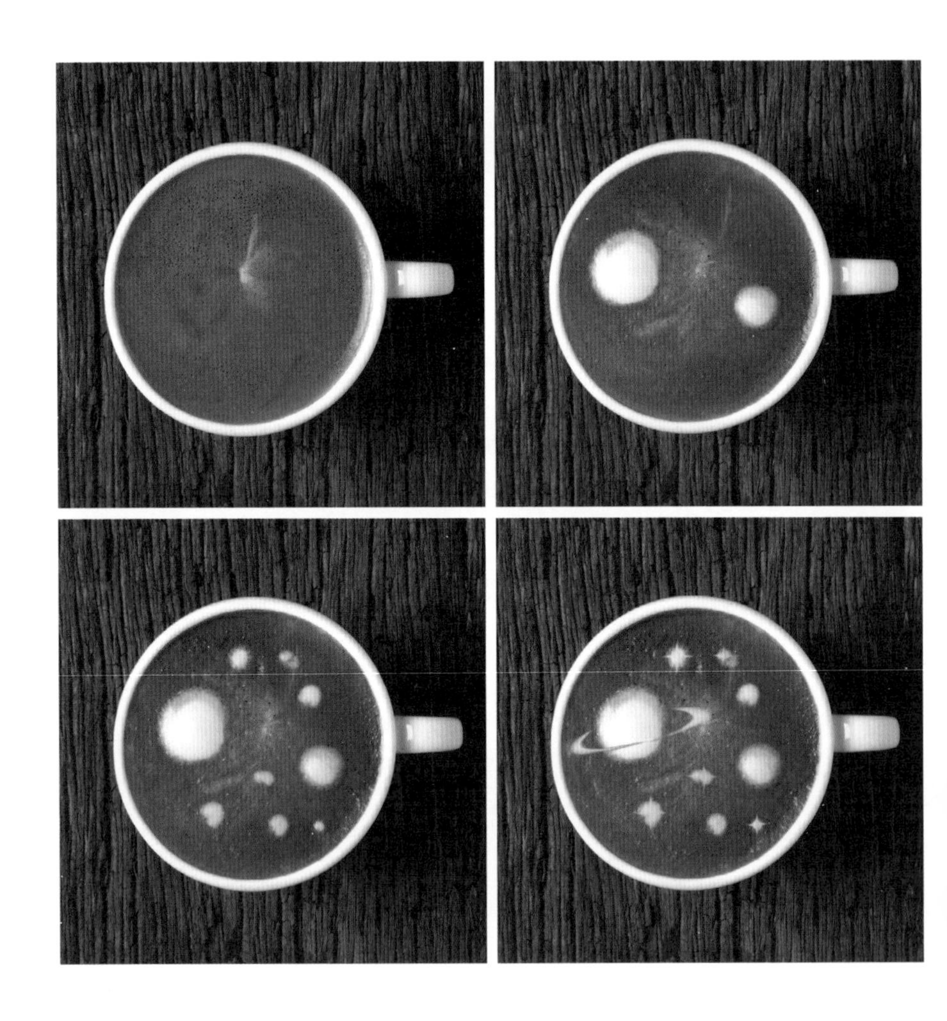

宇宙 Galaxy

1. 将拉花杯中的奶沫慢慢地倾入咖啡杯的咖啡中，使咖啡变成棕色，为拉花打好基础。
2. 用勺子从拉花杯里舀出一些奶沫，在咖啡表面画两个圆形奶泡。
3. 用一根雕花针蘸些奶沫，在咖啡表面随意地点上一些小奶泡。
4. 将洗净的雕花针插入咖啡表面最大的白色奶沫的边缘，以圆环的轨迹从该奶泡的一侧拉至另一侧，使其成星球状。再次洗净雕花针，将其伸入小奶泡中，沿上、下、左、右 4 个方向拉出十字，使其成星星状。

巧克力雕花

Patterns with Chocolate

咖啡拉花中最简单的方法就是用巧克力糖浆来完成图案——成品咖啡的口感并不取决于拉花的方式。然而，无论怎么样拉花，在咖啡上保留尽可能多的咖啡油脂总是好的。

为保证成品咖啡的味道和品质，永远不要用巧克力奶昔来做巧克力雕花。好的选择是用上好的巧克力粉与沸水混合，做成巧克力酱，这种巧克力酱可以很好地浮在咖啡表面。制作时，要确保巧克力粉混合均匀，没有成块，避免粉块堵塞酱瓶。另一个好的选择是用浓缩咖啡代替沸水来混合巧克力——你会发现这样的效果要好得多。

装巧克力酱的瓶子可以在当地的工艺商店或折扣品商店买到。

注意，巧克力雕花只能用在卡布奇诺、摩卡咖啡和热巧克力上。

巧克力酱食谱

为咖啡制作巧克力酱，需要萃取 30 毫升浓缩咖啡，然后加入 6 勺巧克力粉，搅拌均匀。制作好的巧克力酱应该是美味的、浓稠的、容易搭配的。如果太薄或太稀，就多加点巧克力粉。如果太浓，就再加 30 毫升浓缩咖啡。

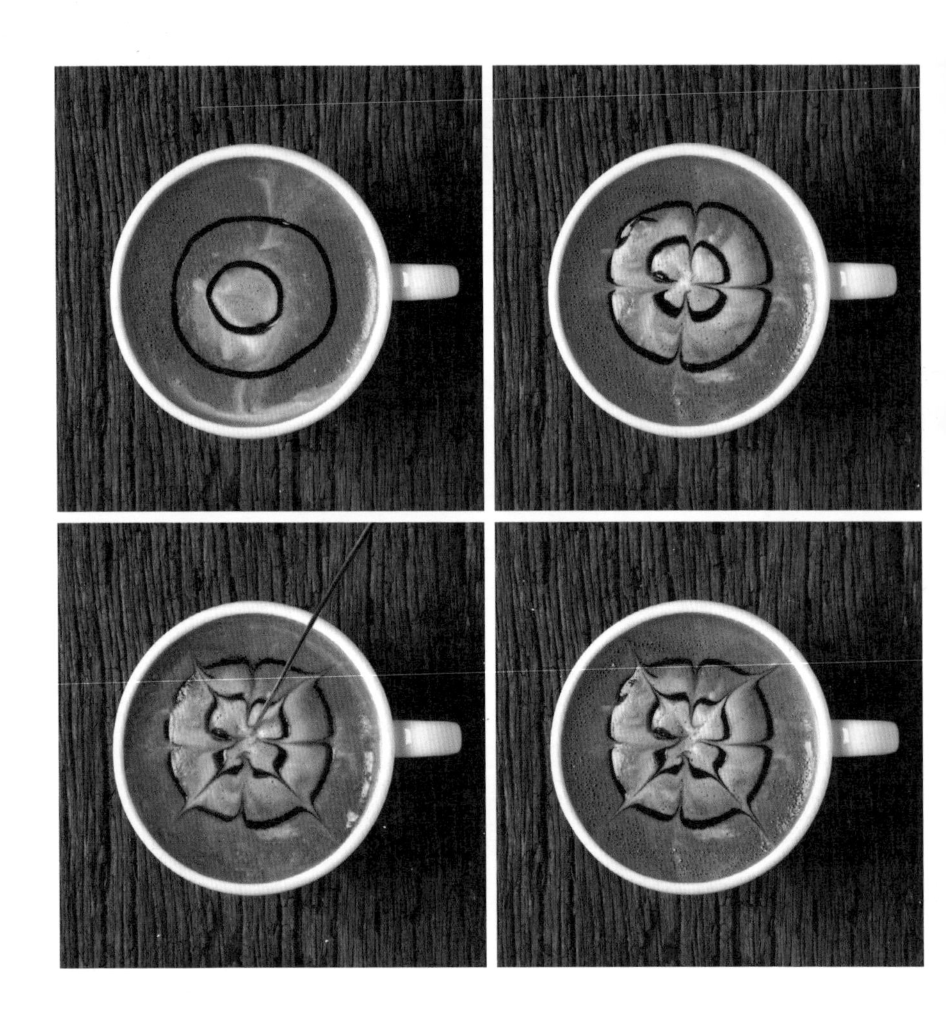

巧克力花朵／Chocolate Flower

1. 用巧克力酱在咖啡表面中心画一个圆。接着，在这个圆的外围画一个同心圆。
2. 将咖啡表面视作钟面，在 12 点钟方向，将雕花针或勺子的手柄浸入咖啡中，从杯子的边缘回拉到中心，并在 3 点钟、6 点钟和 9 点钟方向重复这一步骤。注意每次回拉之前要将雕花针洗净。
3. 洗净雕花针，将其伸入咖啡表面中心再拉向边缘，以形成花瓣状。

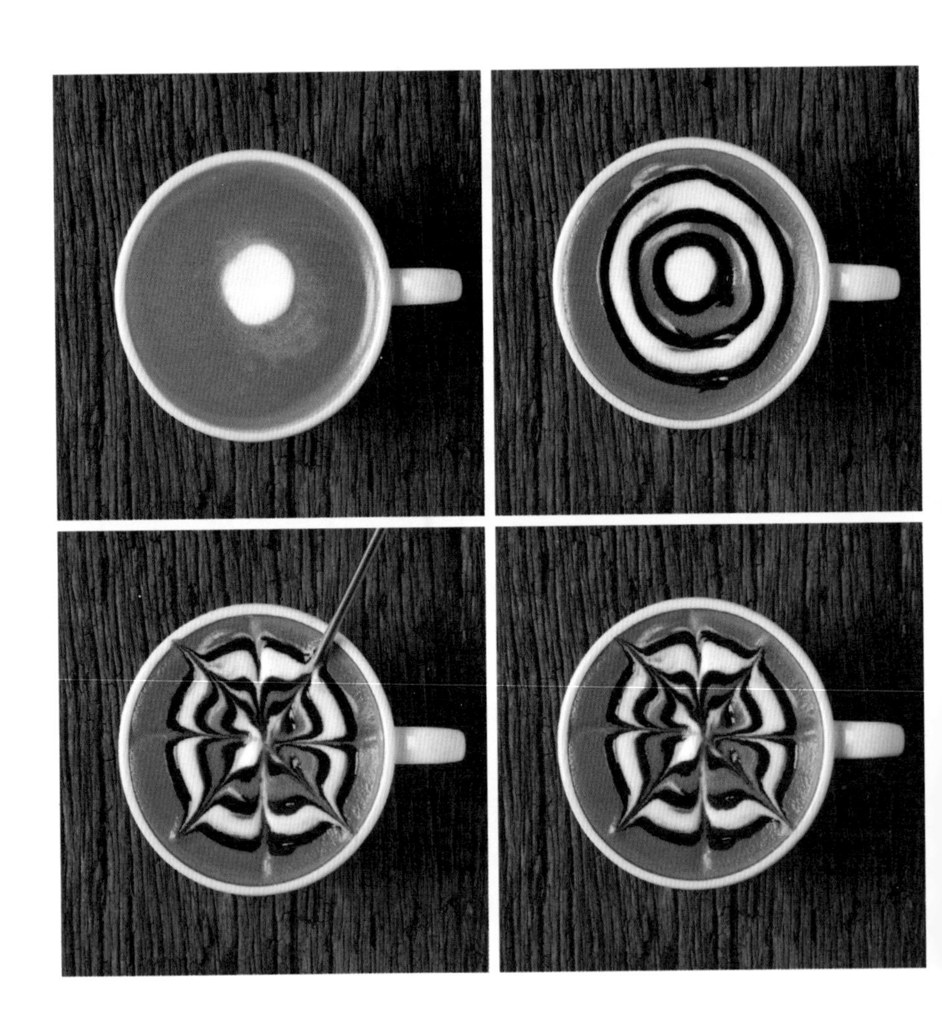

启明星 / Morning Star

1. 将拉花杯中的奶沫注入咖啡杯里浓缩咖啡的中心，在咖啡表面形成一个圆形的白色奶泡。
2. 用巧克力酱沿着奶泡画一个圆，然后再绕着这个圆画两个更大的同心圆。
3. 将雕花针伸入最大的巧克力圈外侧的咖啡沫中，然后拉回表面中心，再轻轻地拿出来。绕着中心的奶泡，重复此步骤 3 次或者 3 次以上。
4. 洗净雕花针，再将其深深地浸入咖啡表面中心，沿着相邻两条线的中轴，拉至杯子边缘。绕着圆圈重复此步骤 3 次。

巧克力花环

Flower with Choc Outline

1. 将拉花杯中的奶沫注入咖啡杯里浓缩咖啡的中心，在咖啡表面形成一个圆形的白色奶泡。
2. 用巧克力酱沿着奶泡画一个圆，然后绕着这个圆画一个更大的同心圆。
3. 将雕花针伸入最大的巧克力圈外侧的咖啡沫中，然后拉回杯面中心，再轻轻地拿出来。
4. 画出几片花瓣后，将洗净的雕花针深深地浸入花瓣的中心，然后拖到杯子的边缘。每一片花瓣都重复此步骤。

蝴蝶 Butterfly

1. 拉出一个心形图案（见 P35）。
2. 用巧克力酱在咖啡表面沿奶泡边缘勾勒出心形的轮廓。
3. 将一根干净的雕花针伸入心形边侧的咖啡沫中，然后拉回中间（心形两侧都要做此操作）。洗净雕花针，再将其伸入心形底部的咖啡沫中，然后向上拉出蝴蝶的身体。
4. 洗净雕花针，在心形顶部勾出两条触角。再次洗净雕花针，将其伸入蝴蝶右翼上部，向杯沿方向拉出。在蝴蝶左翼上部重复此步骤。再次洗净雕花针，将其伸入蝴蝶右翼下部，向杯沿方向拉出。在蝴蝶左翼下部重复此步骤。最后分别在蝴蝶的 4 片翅膀上点上 4 点巧克力酱。

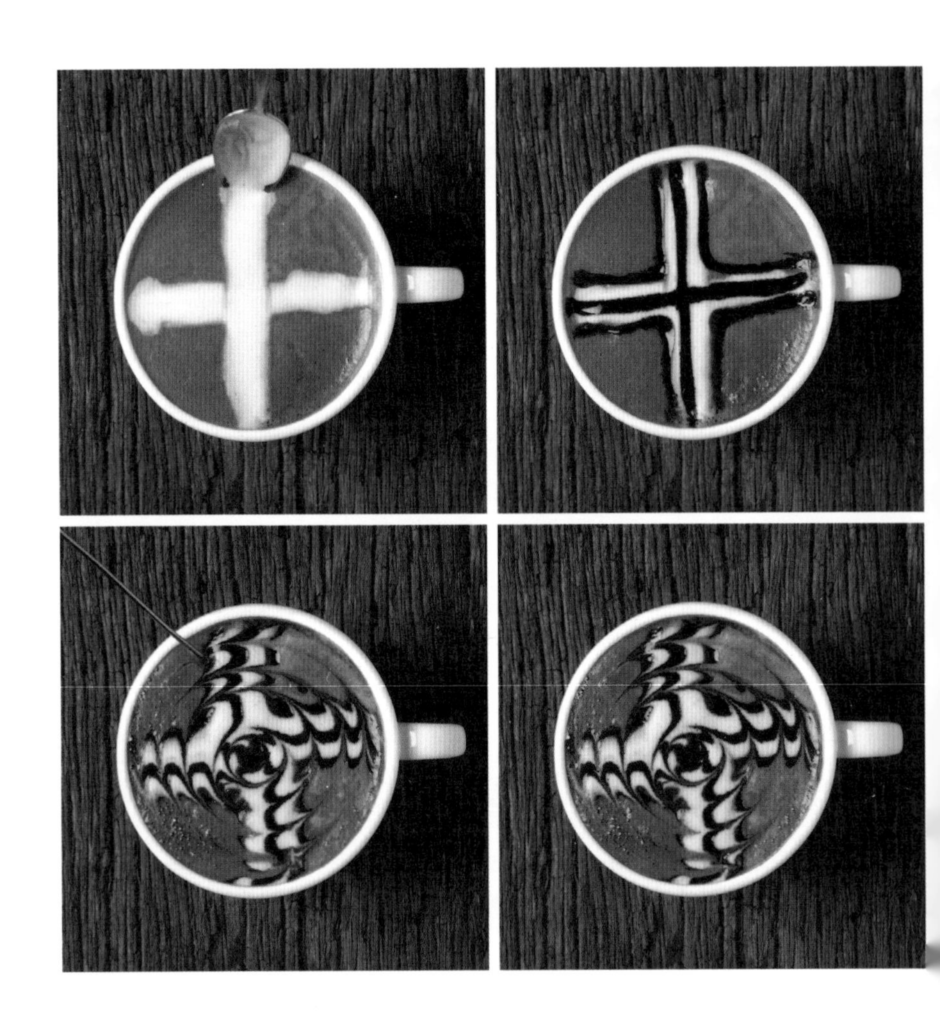

巧克力旋涡

Choc Swirls

1. 将拉花杯中的奶沫慢慢地倾入咖啡杯里的咖啡中，使咖啡变成棕色，为拉花打好基础。
2. 用勺子从拉花杯里舀出一些奶沫，在咖啡表面画两条相互垂直的白线，形成一个白色的十字架。
3. 用巧克力酱在咖啡表面勾勒出白色十字架的轮廓，然后在白色奶沫上再画一个巧克力十字架。
4. 将一根干净的雕花针浸入咖啡表面中心的位置，然后由中心向外螺旋状画圈直至杯沿。

日出
Sunrise

1. 将拉花杯中的奶沫慢慢地倾入咖啡杯里的咖啡中，使咖啡变成棕色，为拉花打好基础。
2. 用勺子从拉花杯里舀出一些奶沫放在咖啡表面中心的位置。
3. 在咖啡表面撒上巧克力粉，使其覆盖半个杯面，并正好盖住一半的圆形奶泡。
4. 将干净的雕花针伸入未被巧克力粉覆盖的半圆奶泡中，然后向外拉出至杯沿处，再将雕花针由杯沿拉回到白色的半圆上，这样就形成了一缕阳光。重复上述动作几次，即可完成整个图案。

蜘蛛网 Spiderweb

1. 将拉花杯中的奶沫慢慢地倾入咖啡杯里的咖啡中，使咖啡整体成为棕色，为拉花打好基础。
2. 在咖啡表面以由中间向外螺旋画圆的方式挤巧克力酱，直到杯子边缘。
3. 将干净的雕花针从咖啡杯的边缘拉回到中心的位置，绕着杯子，重复这个步骤数次，直至完成整个图案。要记住每次操作前都要洗净雕花针，这样才能有一个干净利落的收尾。

圣诞树 Christmas Tree

1. 将拉花杯中的奶沫慢慢地倾入咖啡杯里的咖啡中，使咖啡整体成为棕色，为拉花打好基础。
2. 用巧克力酱从咖啡杯杯沿处开始往上画“之”字形，并不断缩小“之”字的宽度，大致形成圣诞树的轮廓。
3. 将干净的雕花针蘸上圣诞树底部的咖啡沫，然后从底部一直拖到顶端，完成后两边可形成树叶的图案。洗净雕花针，将其从每片树叶中间向外拉出。
4. 用巧克力酱在树冠顶端画一个小圈。洗净雕花针，将其从小圈的中间向外轻轻挑动，重复几次，使树顶看起来像点缀了一颗星星。再用洗净的雕花针蘸点拉花杯中的奶沫，点到圣诞树的树叶上做装饰。

百合池 Lily Ponds

1. 将拉花杯中的奶沫慢慢地倾入咖啡杯里的咖啡中，使咖啡整体成为棕色，为拉花打好基础。
2. 用勺子从拉花杯里舀出一些奶沫，画三个圆形奶泡在咖啡表面上。
3. 用巧克力酱描出三个圆形奶泡的轮廓。
4. 将干净的雕花针蘸上奶沫，从巧克力环的外侧向内拉至圆环的中心。重复这一步骤，直到每朵百合周围都有几条白线。

小船 Boat

1. 将拉花杯中的奶沫慢慢地注入咖啡杯里浓缩咖啡的中心，使其形成一个圆形的白色奶泡。如果失败了，可以用勺子从拉花杯里舀出一些奶沫，放在咖啡表面中心的位置。
2. 在咖啡表面撒上巧克力粉，使其覆盖半个杯面。
3. 用巧克力酱勾勒出未被巧克力粉覆盖的白色半圆的轮廓，再在巧克力粉上方画一条粗线作为船身，然后画上桅杆和帆。
4. 将干净的雕花针浸入巧克力轮廓下方的奶泡中，然后拉到杯子的边缘，沿着半圆轮廓从左到右重复几次，完成整个图案。要记住每次操作前都要洗净雕花针，这样才会有一个干净利落的收尾。

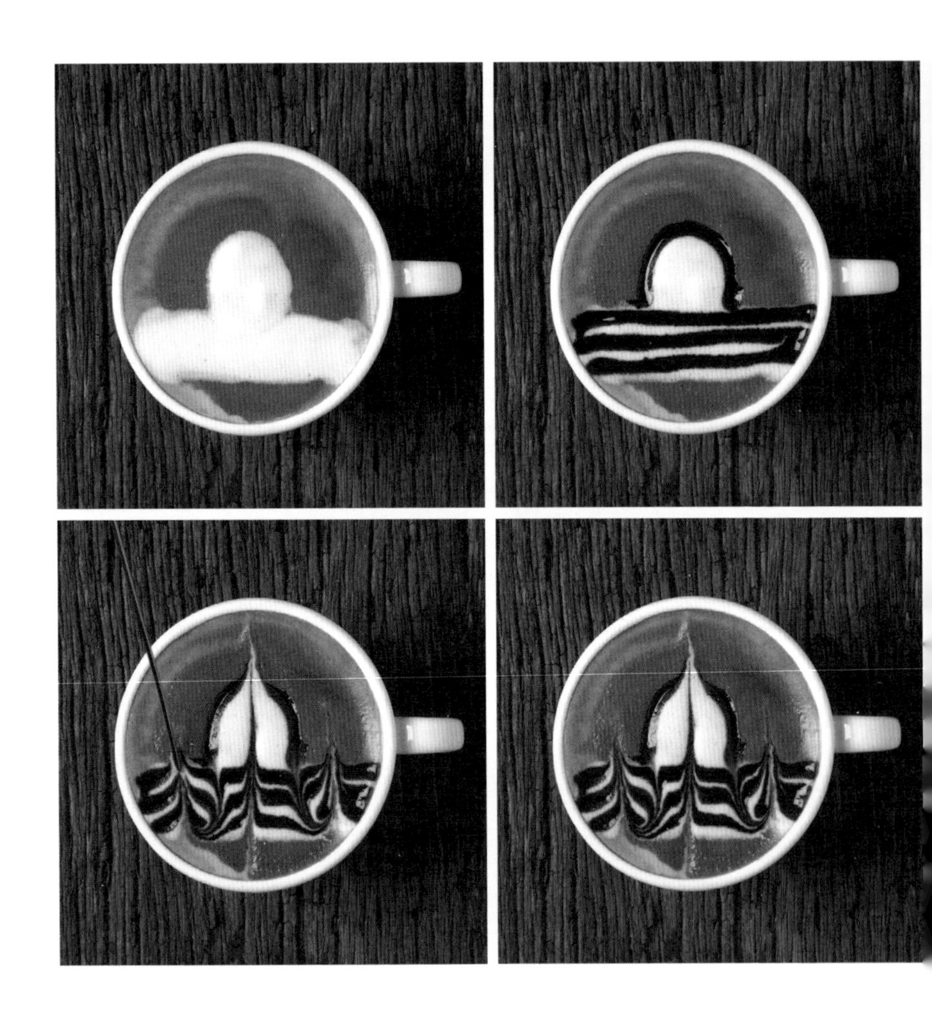

泰姬陵 Taj Mahal

1. 将拉花杯中的奶沫慢慢地倾入咖啡杯里的咖啡中，使咖啡整体成为棕色，为拉花打好基础。然后，用勺子从拉花杯里舀出一些奶沫，放在咖啡表面中心的位置，使之成为一个圆形奶泡，再在奶泡下方画一道粗横线。
2. 用巧克力酱勾勒出咖啡表面白色半圆的轮廓，并在白色粗横线上画三条平行线。
3. 将干净的雕花针伸入巧克力线条下的咖啡沫中，并向上提拉使其穿过圆形奶泡的中心。
4. 洗净雕花针，将其伸进巧克力半圆的左端点，画 U 形：向下拉穿过平行线，再向上拖动穿过平行线，直到杯子的顶部边缘。在巧克力半圆的右端重复这个过程，完成图案。

enjoy
enjoy

咖啡与文字／Coffee with Text

1. 将拉花杯里的奶沫慢慢地倾入咖啡杯里的咖啡中，使咖啡整体成为棕色，为拉花打好基础。
2. 在咖啡表面撒上巧克力粉，使其覆盖半个杯面。
3. 用巧克力酱在未被巧克力粉覆盖的那一半咖啡表面写上一个词语或是一句话。

注意

有时制作过程中若出现了小瑕疵，我会用这种办法写上“对不起”以向顾客表达歉意，顾客们都表示很喜欢。

花冠

Crown

1. 将拉花杯中的奶沫慢慢地注入咖啡杯里的浓缩咖啡的中心，使其形成一个圆形的白色奶泡。也可以用勺子从拉花杯里舀出一些奶沫，放在咖啡表面中心的位置。
2. 用巧克力酱在白色奶泡周围画出花冠轮廓。
3. 用雕花针沿着白色圆形奶泡的边缘勾勒，以形成干净利落的花冠图案。

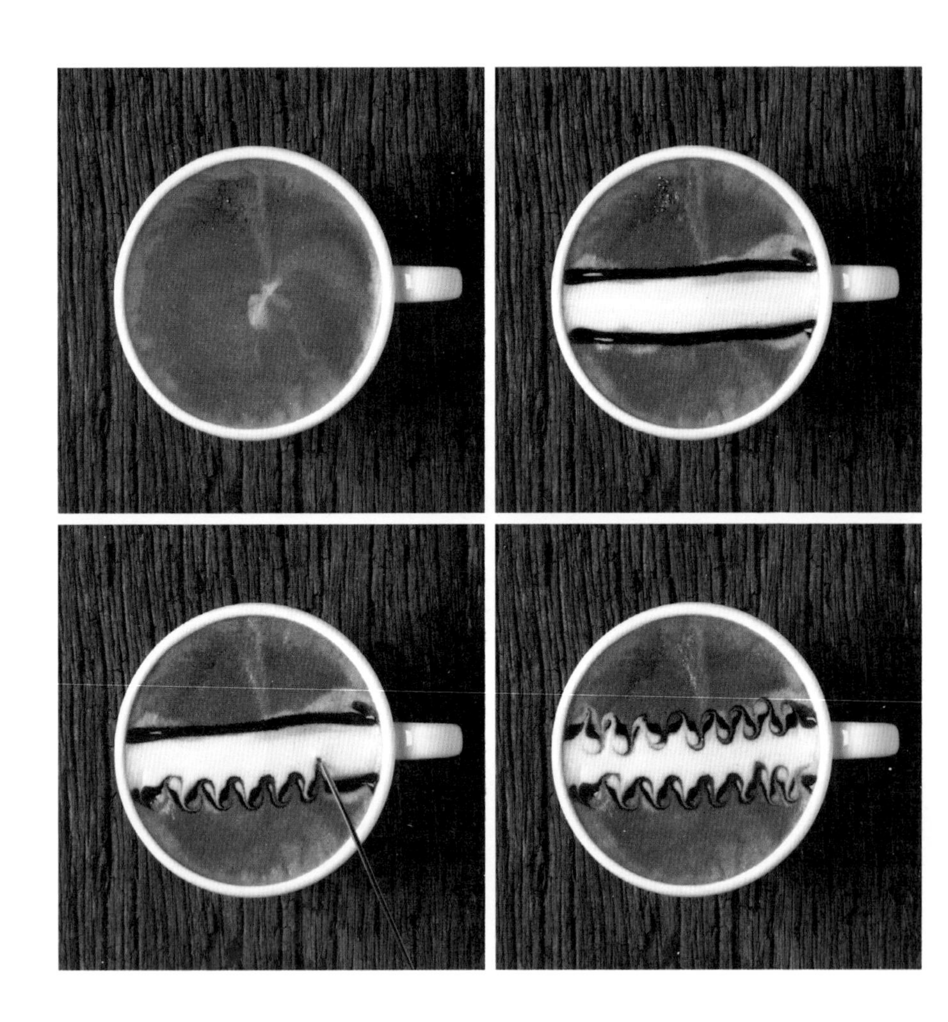

毛毛虫 Caterpillar

1. 将拉花杯中的奶沫慢慢地倾入咖啡杯里的咖啡中，使咖啡整体成为棕色，为拉花打好基础。
2. 用勺子从拉花杯里舀出一些奶沫，在咖啡表面画一道粗横线。
3. 用巧克力酱勾勒出横线的轮廓。
4. 从巧克力线条的一端开始，用干净的雕花针沿巧克力线上下拖动。在横线另一侧的巧克力线条上重复此步骤，完成整个图案。

巧克力太阳 / Choc Sun

1. 将拉花杯中的奶沫慢慢地倾入咖啡杯里的咖啡中，使咖啡整体成为棕色，为拉花打好基础。
2. 用巧克力酱在咖啡表面中心的位置画一个圆，然后绕着这个圆再画两个更大的同心圆。
3. 将干净的雕花针浸入咖啡沫，从最外层的圆开始向内拉回至中心，绕着圆圈重复这个步骤，形成若干个扇形。注意每次回拉前都要洗净雕花针。
4. 洗净雕花针，从圆心开始，沿着每个扇形的中线画弧线，完成整个图案。

简洁图案

Quick and Simple

1. 在咖啡杯中倒入咖啡，用勺子从拉花杯中舀出奶沫，覆盖整个咖啡表面。
2. 用巧克力酱在咖啡表面的白色奶泡上连贯地随意画圆圈——圆圈越多，效果越好。
3. 将干净的雕花针伸入咖啡中，然后从圆圈外向内拉回到中心，并绕着圆圈重复这一步骤。注意每次回拉前都要洗净雕花针。

注意

棕色的底面也可以，不过白色的底面可以使图案更加显著。

Types of Coffee
咖啡种类

咖啡种类繁多，人们常喝的有卡布奇诺、拿铁、白咖啡、浓缩咖啡、玛奇朵和澳式黑咖啡，此外，还有其他种类的咖啡，本章列举了其中一部分。请跟着我们开始享受各种色香味俱全的咖啡饮品吧！

一份浓缩咖啡的变量

Shot Variables

决定一份浓缩咖啡（shot）的主要变量是份量（size）和长度（length）。虽然术语已经标准化，但实际的份量和比例千差万别。咖啡馆通常都有自己的标准份（size 和 length），例如“三份 ristretto”。在各种以浓缩咖啡为基底的咖啡饮品中，例如拿铁，不同的 shot 只涉及数量差异，它们萃取的过程都是一样的——也就是说，double（双份）和 triple（三份）这种数量差异只与过滤网的大小有关，而 ristretto（缩减）、normale（标准）和 lungo（长）之间的差异则涉及咖啡研磨方式的改变。

份量（Size）

份量有单份、双份和三份的区别，分别对应 30 ml、60 ml 和 90 ml 标准份（Shot）以及相应比例的 8 g、15 g 和 21 g 咖啡粉的用量；同时，所使用的过滤网大小也要相匹配。单份（the single shot）是传统标准份量，这是杠杆咖啡机能够轻松实现的份量，而双份（double）是现在的标准份量。

单过滤篮的直径向下呈锥形缩小状，会形成与双过滤篮一样的深度和耐水压性能。

在以浓缩咖啡为基底，尤其是含牛奶的大杯饮品中，如果加入 3 ~ 4 shot 的浓缩咖啡，则把它们分别叫作“triple”或“quad”，但是这并不意味着 shot 本身是 3 倍或 4 倍。

长度（Length）

一份浓缩咖啡（shot）的长度（即强度）分为 ristretto（缩减）、normale（标准）和 lungo（长），这个区别一样适用于使用同等分量的咖啡粉和同等级别萃取的大小杯饮料。因为比例不一样，咖啡油脂的存在使基于体积进行对比非常困难（精确地比较要靠饮料的质量）。ristretto（缩减）、normale（标准）和 lungo（长）的常见比例是 1:1、1:2 和 1:3 或 1:4，在双份（double shot）中分别对应 30 ml、60 ml 和 90 ~ 120 ml。这几个术语中，ristretto 则是最常用的，而双倍或三倍 ristretto 则通常出现在手工调制的浓缩咖啡中。

ristretto（缩减）、normale（标准）和 lungo（长）也可能不是指在不同时间结束萃取的等份（shot）咖啡，因为根据停止萃取的时间不同，会产生萃取不足（若时间太短）和过度萃取（若时间太长）。可以通过对咖啡粉研磨的程度进行调整（ristrettot 使用较细的研磨，lungo 使用较粗的研磨），以便在萃取结束时得到目标体积。

浓缩咖啡（短黑）
Espresso (Short Black)

意大利语中用“espresso”称呼咖啡饮料。在意大利，咖啡消费伴随着城市人口的增加而增长。咖啡馆给人们提供了见面约会的地方。当地政府规定，如果人们是站着喝咖啡的，那政府就会控制咖啡价格。这一规定促使了“站吧”文化的产生。

一份真正的意式浓缩咖啡容量为 30 ml，咖啡表面浮有一层厚厚的金棕色的咖啡油脂。真正的浓缩咖啡制作过程复杂：要使用特别混合的阿拉比卡咖啡豆，经过深度烘焙、精细研磨、紧实填充、加压快速冲煮等流程制作而成，并按照个人份量供应。经过适当冲煮的浓缩咖啡具有独特的均匀细腻的甜苦味，体现了咖啡豆的全部精华，而这种独特的味道在别的咖啡中是找不到的。

/ 浓缩咖啡（短黑）制作要点 /

1. 填压咖啡粉，确保水流受到限制。
2. 冲煮 / 萃取需要将近 30 秒的时间。
3. 将咖啡装在 90 ml 的玻璃杯或小型咖啡杯中，咖啡表面浮有一层金色咖啡油脂。

注意

浓缩咖啡的份量（size）可以是单份（solo，30 ml）、双份（doppio，60 ml）或者三份（triplo，90 ml）。一份浓缩咖啡（shot）的长度（length）也可以多样化，分为 ristretto（缩减）、normale（标准）和 lungo（长）。

长黑咖啡

Long Black

160 ml　陶瓷杯或玻璃杯

96 ml　热水

64 ml　浓缩咖啡（2 shots）

长黑咖啡的做法：取双份浓缩咖啡加入热水（非沸水）中——热水也要取自浓缩咖啡机。

长黑咖啡的制作顺序非常重要，如果颠倒顺序，先倒浓缩咖啡再倒水，会破坏咖啡油脂。最终的成品味道应该是浓郁醇厚的，咖啡表面浮有高质量的咖啡油脂。

/ 长黑咖啡制作要点 /

1. 在杯中倒入 90 ml 热水。
2. 填压咖啡粉，确保水流受到限制，以达到均衡萃取的目的。
3. 冲煮 / 萃取需要将近 30 秒的时间。
4. 将咖啡装在标准陶瓷杯或玻璃杯中，咖啡表面浮有一层金色的咖啡油脂。

美式咖啡

与长黑咖啡类似的另一种咖啡叫美式咖啡，它与长黑咖啡的制作顺序相反——需要先倒咖啡，再倒水。

美式咖啡产生于第二次世界大战期间，当时的美国姑娘会把热水倒入浓缩咖啡中，做出她们以前在家乡喝的那种咖啡的味道。

玛奇朵

Macchiato

90 ml	陶瓷杯或玻璃杯
1份	浓缩咖啡（1 shot）
1～2茶匙	热牛奶或冷牛奶

“玛奇朵”的意思是“做标记”或“着色”。玛奇朵浓缩咖啡就是在单份浓缩咖啡上用少量（1～2茶匙）热牛奶或冷牛奶“着色”，顶部通常浮有少量的奶泡。加奶泡主要是为了表示这种饮品含有少量牛奶，使其不会与纯浓缩咖啡混淆。这种咖啡也可以做成长玛奇朵，即在双份浓缩咖啡上加入少量热牛奶或冷牛奶。

/ 玛奇朵制作要点 /

1. 填压咖啡粉，确保水流受到限制。
2. 冲煮 / 萃取需要将近 30 秒的时间。
3. 将咖啡装在陶瓷杯或玻璃杯中，咖啡表面浮有一层金色的咖啡油脂。在食用前添加少许热牛奶或冷牛奶即可。

注意

制作长玛奇朵时，需要准备双份浓缩咖啡，再用牛奶着色。

拿铁玛奇朵

拿铁玛奇朵的字面意思是“染色的牛奶”，也就是让蒸汽奶通过加入浓缩咖啡“着色”。拿铁玛奇朵与拿铁咖啡的区别在于，拿铁玛奇朵是在牛奶中添加浓缩咖啡，而拿铁咖啡则相反。拿铁玛奇朵的特点是：奶泡更多，而不仅仅只有热牛奶；只使用了半份甚至更少的浓缩咖啡；咖啡和牛奶是分层的，并非完全混合。

拿铁咖啡

Caffè Latte

160 ml	玻璃杯
1 份	浓缩咖啡（1 shot）
适量	蒸汽奶
少量	奶泡

在意大利，拿铁咖啡是一种在家中冲煮的传统早餐饮品。而在别的国家，拿铁咖啡是由标准份（30 ml）或双份（60 ml）的浓缩咖啡，在顶部加入蒸汽奶和一层奶泡（大约 12 mm 厚）制成。

加入蒸汽奶的双份浓缩咖啡，在意大利语中称为“caffè latte”，在法语中称为“café au lait”，在西班牙语中称为“café con leche”，在德语中称为“kaffee mit milch”。

一杯拿铁咖啡中三分之一是浓缩咖啡，三分之二是蒸汽奶，通常装在宽口玻璃杯中。拿铁咖啡中也可以勾兑各种糖浆（香草味或焦糖味）或蒸牛奶。

在意大利，如果你点了一杯“拿铁”，通常你会得到一玻璃杯牛奶。

/ 拿铁咖啡制作要点 /

1. 填压咖啡粉。
2. 冲好的咖啡分量不超过玻璃杯的 1/3。
3. 在顶部加蒸汽奶，须趁热喝掉，不要等它冷了再喝。
4. 将奶泡舀到饮品顶部。
5. 用玻璃杯盛装饮品。

迷你拿铁

Piccolo Latte

90 ml　陶瓷杯或玻璃杯

1 份　浓缩咖啡（1 shot）

适量　蒸汽奶

少量　奶泡

迷你拿铁是拿铁咖啡的一种。它是在玛奇朵中加入单份浓缩咖啡，然后用制作拿铁咖啡的方法加入蒸汽奶，就可以制作出超浓缩版的拿铁，通常顶部会浮着约 5 mm 的奶泡。

/ 迷你拿铁制作要点 /

1. 填压咖啡粉。
2. 冲好的咖啡分量不超过杯子的一半。
3. 在顶部加蒸汽奶，须趁热喝掉，不要等它冷了再喝。
4. 将奶泡舀到饮品顶部。
5. 用 90 ml 的陶瓷杯或玻璃杯盛装饮品。

平白咖啡

Flat White

160 ml	陶瓷杯
1 份	浓缩咖啡（1 shot）
适量	蒸汽奶

平白咖啡在 20 世纪 80 年代初起源于澳大利亚和新西兰。它的调制方式是将蒸罐中的蒸汽奶倒入单份浓缩咖啡中。

平白咖啡通常装在陶瓷小杯中。要冲出平滑、无泡沫的纹理，需要将蒸罐中的蒸汽奶倾倒见底，将更轻盈的奶泡留在顶部，让牛奶产生更小的泡沫，使饮品表面纹理光滑柔软，咖啡油脂保持完整。

/ 平白咖啡制作要点 /

1. 填压咖啡粉。
2. 冲煮 / 萃取需要将近 30 秒时间。
3. 加入蒸汽奶。
4. 用陶瓷杯盛装饮品。

卡布奇诺

Cappuccino

160 ml	陶瓷杯或玻璃杯
1 份	浓缩咖啡（1 shot）
适量	蒸汽奶
适量	奶泡
少量	巧克力粉

“cappuccino”这个词的起源可追溯到500多年前的Capuchin修道会。这个修道会的名字来源于他们又长又尖的斗篷，这种斗篷就叫作“cappuccino”。这个词演变自“cappuccio”，在意大利语中意为“头巾”。关于Capuchin修道士和卡布奇诺这种饮品的关系长期存在争议，但据说这种饮品是以这些修道士命名的，因为卡布奇诺体现了他们特有服饰的色调。英语中最早使用“cappuccino”这个词的记录发现于1948年。

/ 卡布奇诺制作要点 /

1. 填压咖啡粉。
2. 冲煮/萃取需要将近30秒的时间。
3. 添加蒸汽奶至杯口下约1.5 cm处。
4. 添加奶泡，可超过杯口。
5. 用少量巧克力粉做装饰。
6. 用陶瓷杯或玻璃杯盛装饮品。

摩卡咖啡

Mocha

160 ml　陶瓷杯

1 份　浓缩咖啡（1 shot）

1 茶匙　巧克力粉

适量　蒸汽奶

摩卡咖啡的名字起源于也门红海海边的摩卡小镇，这个地方在 15 世纪时垄断了咖啡的出口贸易，对销往阿拉伯半岛区域的咖啡贸易影响巨大。

摩卡是卡布奇诺的一种变体，与卡布奇诺一样，它的顶部有近 2 cm 厚的奶泡和一些装饰物——通常会撒一点巧克力粉，也有人喜欢使用巧克力酱代替，可以使用黑巧克力或牛奶巧克力。

顶部的奶泡有时也会用发泡鲜奶油代替，加上一些肉桂条或些许可可粉，也可以添加棉花糖作为装饰。

还有一种变体是白巧克力摩卡咖啡，这种咖啡在制作时会用白巧克力代替牛奶或黑巧克力。另外还有混合了两种巧克力浆的其他变体，这种混合摩卡有多种名字，包括黑白摩卡、棕褐摩卡、燕尾服摩卡和斑马等。

/ 摩卡咖啡制作要点 /

1. 在陶瓷杯中倒入 1 茶匙巧克力粉。
2. 填压咖啡粉。
3. 冲煮 / 萃取需要将近 30 秒的时间，须搅拌均匀。
4. 顶部添加蒸汽奶。
5. 撒点巧克力粉。

维也纳咖啡

Vienna Coffee

90 ml　玻璃杯
2 份　浓缩咖啡（2 shots）
适量　生奶油
少量　可可粉

传说波兰哈布斯堡皇室的士兵在把维也纳从土耳其的第二次包围中解救出来的时候，偶然发现了几袋奇怪的豆子，他们一开始以为是骆驼的粮食，打算毁掉这些豆子。后来波兰国王将这些豆子赏给了一个叫格奥尔格·弗朗兹·科尔斯基（Georg Franz Kolschitzky）的波兰贵族，因为他在打败土耳其的战争中发挥了重要作用。他用这些豆子开了一家叫作“蓝瓶咖啡”（Blue Bottle）的咖啡馆，学着君士坦丁堡的烹煮方法（将水与果浆混合的方式），开始供应咖啡饮品。

但是维也纳人不喜欢这种咖啡，经过试验，科尔斯基决定对咖啡进行过滤，并在其中加入奶油和蜂蜜。很快他就取得了成功。

维也纳咖啡是一种以奶油为基调、很受人们欢迎的咖啡饮品。它的调制方法：在玻璃杯中放入多倍量的浓缩咖啡，再在顶部加入奶油（非牛奶和糖）。饮用时，要透过顶部的奶油才能喝到咖啡。

/ 维也纳咖啡制作要点 /

1. 填压咖啡粉。
2. 冲煮 / 萃取需要将近 30 秒的时间。
3. 将咖啡装在 90 ml 的玻璃杯中，顶部铺上生奶油，撒点可可粉。

冰咖啡

Iced Coffee

400 ml	玻璃杯
1 勺	冰激凌
1 ~ 2 份	浓缩咖啡（1 ~ 2 shot）
适量	冷牛奶
适量	发泡鲜奶油
少量	巧克力粉
少量	咖啡豆

冰咖啡可作为一种提神的下午茶——如果天气很热，你想要降温的同时过把咖啡瘾，冰咖啡是最好的选择。

冰咖啡有很多种，不同的国家做法不同。意大利很多咖啡馆都供应冰咖啡（caffè freddo）——直接将浓缩咖啡冰镇后当作冰沙供应。

在澳大利亚，冰咖啡的常见做法则是用冰牛奶咖啡混合冰奶油或生奶油。

在加拿大，冰咖啡就是冰卡布奇诺，是混合了奶油的咖啡冰沙。

在希腊，有种冰咖啡叫作弗拉佩（frappé）。这种冰咖啡通过电动搅拌机的搅打在顶部产生泡沫，是否添加牛奶则随意。

泰国冰咖啡是很浓的黑咖啡，加入糖、高脂奶油和小豆蔻去除苦味，经快速冷却后再加入冰块。

越南冰咖啡是加了炼乳和冰块的滴滤咖啡。

很多国家也供应商业冰咖啡，通常是加了糖的牛奶饮品。

/ 冰咖啡制作要点 /

1. 准备浓缩咖啡。
2. 将热咖啡倒入水瓶或水罐中。
3. 将热咖啡放入冰箱冷藏 2 ~ 3 小时。
4. 在一个高脚奶昔玻璃杯中加入一勺冰激凌。
5. 在玻璃杯中加入半杯冷咖啡，如果想要味道淡一点，就少加点咖啡。
6. 在玻璃杯中倒入冷牛奶至杯口下方 1 cm 处，并搅拌几次。
7. 最后添加发泡鲜奶油，撒上巧克力粉和咖啡豆作为装饰。

冰巧克力
Iced Chocolate

如果你想要在炎热的天气吃巧克力，那么冰巧克力绝对是上上之选！

/ 冰巧克力制作要点 /

400 ml　玻璃杯
2 汤匙　巧克力
适量　冰和冷牛奶
适量　发泡奶油和冰激凌
少量　巧克力粉

1. 根据自己的喜好在碗中加入巧克力，再加入一点热水或热牛奶，将巧克力搅拌成光滑、黏稠的液体。
2. 在高脚玻璃杯中沿着杯壁倒入步骤 1 中的巧克力浆。
3. 加一些冰。
4. 在玻璃杯中倒入冷牛奶至杯口下方 1 cm 处。
5. 顶部添加发泡奶油和冰激凌，再撒点巧克力粉作为装饰。

冰摩卡是冰巧克力中的一种，里面添加了冰咖啡。

/ 冰摩卡制作要点 /

1. 准备 1 ～ 2 份浓缩咖啡。
2. 冲煮 / 萃取需要将近 30 秒的时间。
3. 在大量杯中将热咖啡和 1.5 汤匙红糖混合，并搅拌至红糖溶化，再加入巧克力酱搅拌。将搅拌好的液体倒入水瓶或水罐中。
4. 将步骤 3 的液体放入冰箱冷藏 2 ～ 3 小时。
5. 将冰咖啡、冷牛奶和 1/4 茶匙香草精搅拌至充分混合，倒入玻璃杯中，加入一点碎冰。
6. 最后添加发泡奶油和冰激凌，撒上巧克力碎作为装饰。

热巧克力

Hot Chocolate

1 汤匙　巧克力
适量　　热牛奶
　　　　陶瓷杯或玻璃杯

热巧克力是一种热饮，制作材料通常包括：巧克力刨花、融化的巧克力或可可粉、热牛奶或热水、糖。

可可茶与热巧克力（热可可）类似，区别在于前者是用融化的巧克力屑或巧克力酱做的，不是用可溶于水的粉末状混合物做的。

最早的巧克力饮品大约是在2000年前由玛雅人发明的。公元1400年，可可饮品还是阿兹特克文化的重要组成部分。墨西哥人将可可饮品带到欧洲后，可可饮品开始大受欢迎，并且经历了几次变化。一直到19世纪，热巧克力甚至被作为医用，用于治疗胃痛之类的疾病。现在，全世界的人们都在喝热巧克力，而且热巧克力有多种口味，当然也包括意大利那种很浓稠的巧克力。

/ 热巧克力制作要点 /

1. 在杯中放入1汤匙巧克力，加入一点热水或热牛奶，将巧克力搅拌成光滑、黏稠的液体。
2. 在杯中加入热奶泡，撒点巧克力。如有需要还可以加上一些棉花糖。

/ 意大利热巧克力制作要点 /

1. 将 4 汤匙无糖可可、3 汤匙糖和 1/2 汤匙木薯粉搅拌至完全混合。
2. 在中号炖锅中加入 60 ml 牛奶，用低火加热。加入步骤 1 中的可可混合物，并搅拌至完全融合、没有块状，再加入 180 ml 牛奶。
3. 开中低火烹煮大约 10 分钟，不断搅拌，直到混合物变稠。
4. 可可混合物变稠后，你可以在饮用之前加入其他原料进行搅拌，比如加入 1/8 茶匙香草精或杏仁精，或 1 茶匙柑曼怡。最后，撒点肉桂或肉豆蔻做装饰。

注意

如果将其中半杯替换成咖啡，就可以做出一杯可口的摩卡。

贝比奇诺

Babyccino

贝比奇诺是一种含有奶泡的无咖啡因饮品，适合儿童饮用。制作时，可以加糖浆，或者在顶部撒点巧克力粉或棉花糖。通常装在黑色矮杯中。

/ 贝比奇诺制作要点 /

1. 沿着玻璃杯的杯壁倒入糖浆。
2. 加入热奶泡或温奶泡。
3. 如有需要可以加入棉花糖。
4. 撒点巧克力粉做装饰。

咖啡糖浆

20 世纪 90 年代初期，精品咖啡蓬勃发展，各种专业糖浆（例如香草味和焦糖味的糖浆）也越来越多地被用于拿铁和其他热饮的调制中。各大公司开始研发既可以让拿铁和摩卡这类热饮保持口感和稠度，也能让鸡尾酒和意大利苏打这类冷饮保持好口感的新型糖浆。如今，糖浆是饮品菜单中不可缺少的一部分，在吸引顾客上发挥了重要作用。糖浆的种类不断增加，也吸引了非咖啡爱好者进入这个消费市场。在饮品中使用糖浆既有趣又便捷，极大地丰富了饮品的种类。要注意的是，当你在热饮中使用糖浆时，要确保先添加糖浆，再放入咖啡——这样不仅能激发出糖浆的味道，而且能保证糖浆均匀分布。

拉茶

Chai Latte

拉茶（chai）这个词的尾音和领带（tie）的尾音一样，都读 /ai/。很多国家都用“chai”表示茶。在西方国家，随着人们越来越多地在咖啡馆和茶馆里接触到拉茶，这种饮品变得非常受欢迎。

拉茶是一种口感丰富的饮品，在全球很多国家已经存在了好几个世纪，特别是在印度。其最基本的形式是用沏得比较浓的红茶混合多种调料，并添加了牛奶和糖。拉茶的调料种类各异，不过通常都有肉桂、小豆蔻、丁香、胡椒和生姜这几种。一般为甜的热饮，加糖是为了带出调料的全部精髓。总体来说，拉茶就是一种加了调料的茶，其中还混合了用浓缩咖啡机制作的蒸牛奶。

/ 拉茶制作要点 /

1. 在锅里加入 180 ml 水、1 条肉桂、4 个小豆蔻、4 个丁香和 5 mm 厚的新鲜生姜片并烧开。
2. 再用低火炖 10 分钟。
3. 加入 3 茶匙糖，继续炖煮。
4. 加入 1.5 茶匙茶叶，关火。
5. 浸泡 3 分钟后过滤。
6. 顶部加蒸牛奶。
7. 将奶泡舀到饮品顶部。

Coffee Drinks
咖啡特饮

本章我们将介绍一系列口感很棒的咖啡特饮，其中多数含有精选的利口酒，为您在美餐一顿后，带来醇厚的味觉享受。

龙舌兰阿芙佳朵

Affogato Agave

准备时间：5 分钟

2 勺	香草冰激凌
45 ml	浓缩咖啡
45 ml	培恩 XO 咖啡龙舌兰利口酒 或榛子利口酒 或甘露咖啡利口酒
1 茶匙	榛子仁碎

1. 将冰激凌放入玻璃杯中，倒入浓缩咖啡至淹没冰激凌。
2. 选一款利口酒倒入。
3. 撒上榛子仁碎做装饰。

龙舌兰咖啡

Café Agave

准备时间：5 分钟

45 ml 培恩 XO 咖啡龙舌兰利口酒

45 ml 可可利口酒

60 ml 浓缩咖啡

60 ml 奶油

1 块 巧克力薄片

适量 冰

1. 将巧克力薄片之外的所有原料加冰摇匀，再滤入玻璃杯中。
2. 将步骤 1 中的材料装入马提尼酒杯中，撒上巧克力薄片作为装饰。

加勒比咖啡

Caribbean Coffee

准备时间：5 分钟

45 ml	黑朗姆酒
150 ml	热黑咖啡 / 黑咖啡
3 汤匙	生奶油
适量	巧克力碎
适量	裹着巧克力的咖啡豆

1. 在爱尔兰咖啡杯中倒入黑朗姆酒和黑咖啡，并适当增加甜度。
2. 在顶端放上生奶油并撒上巧克力碎。
3. 加入裹着巧克力的咖啡豆作为装饰。

配方变化

你也可以用甘露咖啡利口酒代替黑朗姆酒来制作这款饮品。

黑杰克

Blackjack

准备时间：5 分钟

45 ml	樱桃白兰地
60 ml	现磨咖啡
2 茶匙	白兰地
少量	咖啡粉
适量	碎冰

1. 将所有原料加碎冰放入摇壶内搅拌均匀，然后滤入鸡尾酒杯中。
2. 表面撒上咖啡粉作为装饰。

配方变化

你也可以用伏特加代替樱桃白兰地来制作 Roulette。

奥斯卡咖啡

Café Oscar

准备时间：5 分钟

20 ml 甘露咖啡利口酒
20 ml 意大利苦杏仁酒
1 勺 香草冰激凌
适量 热咖啡
适量 高脂厚奶油

1. 将原料中的酒倒入杯中，再注入咖啡。
2. 在步骤 1 的饮品表面放上厚奶油，并用冰激凌做装饰。

配方变化

你也可以用添万利和加力安奴替代甘露咖啡利口酒和意大利苦杏仁酒，制作玛利亚咖啡。

爱尔兰咖啡

Irish Coffee

准备时间：5 分钟

1 茶匙	黄糖
45 ml	百利甜酒
45 ml	发泡鲜奶油
适量	热黑咖啡
少量	巧克力碎或巧克力粉

将黄糖加入百利甜酒中搅拌均匀，注入黑咖啡，放上鲜奶油，最后用巧克力碎（粉）做装饰。

配方变化

你也可以用上好的爱尔兰威士忌，如图拉多威士忌或尊美醇威士忌代替百利甜酒来制作爱尔兰威士忌咖啡。

我们还可以制作其他的咖啡利口酒：用白兰地制作法国咖啡，用杜松子酒制作英式咖啡，用伏特加制作俄罗斯咖啡，用波旁威士忌制作美式咖啡，用黑朗姆酒制作加力普索咖啡，用添万利制作牙买加咖啡，用柑曼怡制作巴黎咖啡，用甘露咖啡利口酒制作墨西哥咖啡，用本笃会甜酒制作僧侣咖啡，用苏格兰威士忌制作苏格兰咖啡，用黑麦威士忌制作加拿大咖啡等。

咖啡时光

Coffee Break

准备时间：5 分钟

125 ml	黑咖啡（热）
20 ml	白兰地
20 ml	甘露咖啡利口酒
60 ml	发泡奶油
1 颗	马拉斯奇诺樱桃

1. 将咖啡和酒倒入爱尔兰咖啡杯中，并适当增加甜度。
2. 在饮品表面挤上奶油，再放一颗马拉斯奇诺樱桃即可。

配方变化

你也可以用薄荷甜酒代替白兰地，制作“薄荷时光”。

乔治咖啡

Coffee Nudge

准备时间：5 分钟

2 茶匙	黑可可酒
2 茶匙	甘露咖啡利口酒
20 ml	白兰地
1 杯	热咖啡
60 ml	发泡奶油
少量	咖啡豆

将咖啡和酒混合，并在表面挤上发泡奶油，撒上咖啡豆。

配方变化

你也可以用森伯加黑茴香酒代替白兰地和咖啡利口酒，制作甘草咖啡。

冰卡布奇诺

Iced Cappuccino

准备时间：5 分钟

90 ml 特浓咖啡
60 ml 牛奶
45 ml 香草糖浆
20 ml 甘露咖啡利口酒
20 ml 焦糖糖浆
60 ml 奶油
2 勺 冰

先加 2 勺冰到波可酒杯中，再在另一杯中混合其余所有原料，然后一并倒入波可酒杯中。

摩卡泥石流奶昔

Mocha Mudslide Milkshake

准备时间：5 分钟

250 ml	牛奶
1 根	切成薄片的香蕉
45 ml	糖
30 ml	意式浓缩咖啡
120 ml	香草酸奶

1. 把牛奶、香蕉、糖和意式浓缩咖啡放入搅拌机中搅拌至呈丝滑状，然后将搅拌好的材料冷冻 1 小时，或冷冻至轻微冻住。
2. 接着从容器的边缘敲松冻住的混合物，加入酸奶，调和至丝滑状。
3. 最后用剩下的香蕉片做装饰，即可盛上桌。

加利安奴热调酒

Galliano Hotshot

准备时间：5 分钟

20 ml 加利安奴

20 ml 热咖啡

20 ml 高脂浓奶油

1. 将加利安奴倒入小烈酒杯中。
2. 然后小心地倒入咖啡。
3. 最后轻柔地舀起奶油，置于咖啡上。

皇家咖啡

Royale Coffee

准备时间：5 分钟

45 ml	干邑白兰地
150 ml	热黑咖啡
60 ml	发泡奶油
1 茶匙	巧克力碎

1. 将咖啡和干邑白兰地倒入爱尔兰咖啡杯中，并适当增加甜度。
2. 再轻柔地在饮品上层注入发泡奶油，最后用巧克力碎做装饰即可。

Coffee Biscuit
咖啡饼干

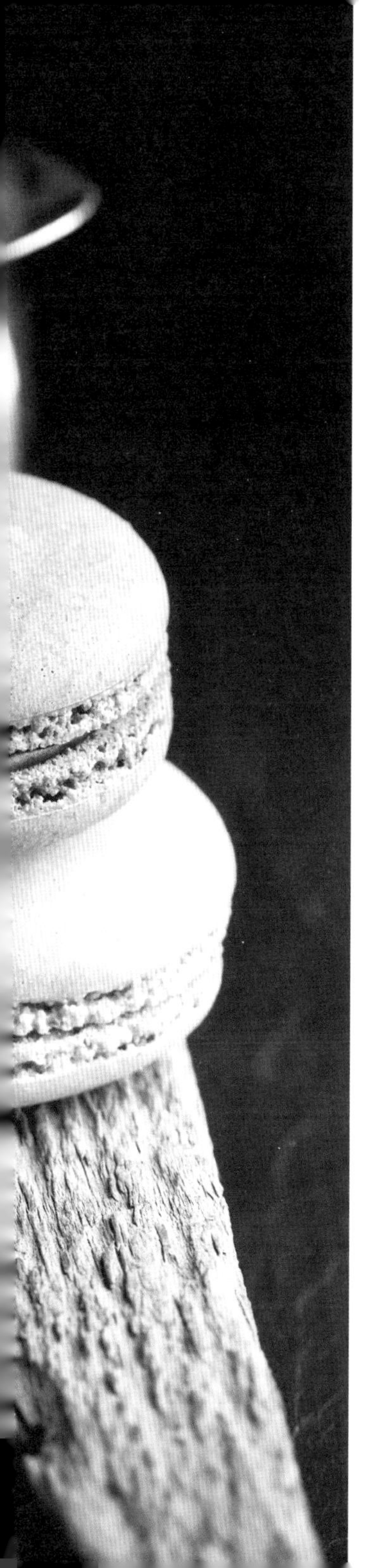

喝咖啡时再配个小点心真是再好不过了，小饼干或花式小蛋糕都是不错的选择。本章将介绍多款非常美味的小点心，既有口味浓郁的巧克力饼干，也有口味比较淡的小甜酥饼等。这些小点心制作简单，美味可口，你也可以试试看，相信你一定会享受这一过程。

巧克力饼干

Coffee Choc Bit Biscuits

准备时间：15 分钟，烘烤时间：15 分钟

120 g	黄油
110 g	细白砂糖
100 g	红糖
4 茶匙	速溶咖啡粉
1 个	鸡蛋
270 g	低筋面粉
1 杯	巧克力珠

1. 将烤箱预热至 180℃。
2. 在搅拌容器中加入黄油和糖，倒入速溶咖啡粉，然后加入鸡蛋。
3. 倒入面粉和巧克力珠搅拌混合均匀。
4. 用汤匙舀出混合面团，一匙匙放在已抹油的烤盘上，放入烤箱烤 10 ~ 15 分钟，烤好后放在烤盘上冷却即可。

摩卡法式饼干

Mocha Meringues

准备时间：1 小时 15 分钟，烘烤时间：40 分钟

1 份	蛋白
1/8 茶匙	塔塔粉
65 g	白糖
1/4 茶匙	香草精
10 g	可可粉
1/2 茶匙	速溶咖啡粉

1. 将烤箱预热至 120℃。
2. 快速搅拌蛋白和塔塔粉发泡至黏胶状；缓慢加入白糖、香草精、可可粉和速溶咖啡粉。
3. 将小块混合面团（分成 12 小块）放在垫有锡纸的烤盘上。
4. 将烤盘放入烤箱烘烤 40 分钟直到饼干变紧实；关掉电源让饼干在烤箱内自然冷却 1 小时。注意冷却期间不要打开烤箱。

小甜酥饼

Coffee Kisses

准备时间：12 分钟，烘烤时间：12 分钟

250 g	黄油，放置在室温下
80 g	糖粉（精制细砂糖），过筛
2 茶匙	速溶咖啡粉， 溶解于 4 茶匙热水， 然后冷却
300 g	中筋面粉，过筛
	苦甜巧克力，融化

1. 将烤箱预热至 180℃。
2. 在碗中放入黄油和糖粉，打发至松软，加入咖啡粉和面粉搅拌。
3. 将混合面团装入配有中号星形喷嘴的裱花袋中，用裱花袋在已抹油的烤盘上挤出 2.5 cm 厚的圆饼，且每个圆饼相隔 2.5 cm。烤 10 ~ 12 分钟，直到面团变成浅棕色，在烤盘上放置 5 分钟后，将烤好的饼干移到金属网架上待其完全冷却。
4. 在两块小饼干中间加点融化的巧克力夹心，然后撒点糖粉。

注意

这种小饼干的纹理和酥饼很像，所以这种面团可以用裱花袋挤出。如果想要不一样的花式，也可以挤成5 cm的长条。如果你不想加巧克力夹心，也可以只撒点糖粉

丝滑巧克力饼

Chocolate Melting Moments

准备时间：10 分钟，烘烤时间：20 分钟

250 g	黄油，放置在室温下
80 g	精制细砂糖，过筛
2 茶匙	香草精
225 g	中筋面粉
3 茶匙	可可粉
30 g	玉米粉

巧克力奶油夹心

50 g	黄油，放置在室温下
4 茶匙	可可粉
1/2 茶匙	香草精
1 茶匙	速溶咖啡粉
120 g	细砂糖

1. 将烤箱预热至 180℃。
2. 在搅拌容器中混合黄油和细砂糖，打发至蓬松。
3. 加入香草精；筛入面粉、可可粉和玉米粉，用木勺搅拌均匀。
4. 用勺子将面团一勺勺舀放在已抹油的烤盘上；用叉子将面团抹平。

5. 烤 15 ~ 20 分钟。
6. 将烤好的饼干放在铁架上冷却，最后在两片饼干之间加入巧克力奶油夹心即可。

巧克力奶油夹心

将黄油放入碗里，加入可可粉、香草精、咖啡粉和细砂糖，搅拌至顺滑即可。

咖啡核桃饼干

Coffee Pecan Biscuits

准备时间：40 分钟，烘烤时间：18 分钟

125 g	黄油，放置在室温下
120 g	细白砂糖
1/2 茶匙	香草精
1 个	鸡蛋，放置在室温下
2 茶匙	速溶咖啡粉
300 g	中筋面粉
1 茶匙	发酵粉
4 茶匙	牛奶
250 g	核桃仁，切碎

咖啡糖衣

120 g	精制细砂糖
4 茶匙	沸水
4 茶匙	黄油，放置在室温下
2 茶匙	速溶咖啡粉

1. 在小碗里放入黄油、细白砂糖和香草精，用电动搅拌器打至发白呈奶油状；加入鸡蛋和咖啡粉均匀搅拌；在上述黄油面团中筛入面粉和发酵粉；加入牛奶搅拌均匀；将面团分为两半。

2. 将 2 个面团揉搓成 2 条直径 5 cm 的长条；在长条面团中揉入碎核桃仁，并让核桃仁均匀分布在面团表面。用保鲜膜将长条面团包起来，放入冰箱冷冻至少 30 分钟至紧实。
3. 将烤箱预热至 180℃，在 2 个烤盘中放上烘焙纸。
4. 用锋利的小刀将长条面团切成 15 mm 厚的小片。
5. 将切片放入烤盘，烤 15 ~ 18 分钟，直至变成浅金黄色；冷却 5 分钟后转移到铁架上进行完全冷却。
6. 在每一块饼干的中心浇 1 茶匙咖啡糖衣，再在顶上放 1 片核桃，待糖衣凝固即可食用。

咖啡糖衣

在碗中筛入细砂糖；另取一个碗，加入沸水、黄油和咖啡粉，搅拌至咖啡粉溶化，然后加入细砂糖搅拌至顺滑即可。

巧克力夹心饼干

Bourbon Biscuits

准备时间：30 分钟，烘烤时间：20 分钟

60 g	黄油
60 g	细白砂糖
4 茶匙	糖浆
150 g	中筋面粉
15 g	可可粉
1/2 茶匙	小苏打

夹心

50 g	黄油
105 g	精制细砂糖，过筛
4 茶匙	可可粉
1 茶匙	速溶咖啡粉

1. 将烤箱预热至160℃；在碗中将黄油和细白砂糖均匀混合，然后倒入糖浆。
2. 将面粉、可可粉和小苏打混合，再加入步骤 1 中的材料，形成硬面团。
3. 将硬面团揉匀：在轻撒了面粉的桌面上，将面团揉搓成厚约5 mm的长条（如果面团太长，烤盘放不下，就切成两段）；在烤盘上涂点黄油，铺上烘焙纸，将面团烤15～20分钟。

4. 在温热的时候将烤好的面团切成等宽的指状饼干，然后将其放在金属架上冷却，同时开始做夹心。
5. 在已冷却的指状饼干内侧涂上一层夹心。

夹心

将黄油打发至松软，然后加入细砂糖、可可粉和咖啡粉，搅拌至顺滑即可。

巴西咖啡饼干

Brazilian Coffee Biscuits

准备时间：20 分钟，烘烤时间：10 分钟

100 g	黄油
100 g	软红糖
100 g	细砂糖
1 个	鸡蛋
1 又 1/2 茶匙	香草精
4 茶匙	牛奶
330 g	中筋面粉
1/2 茶匙	盐
1/4 茶匙	小苏打
1/4 茶匙	发酵粉
8 茶匙	速溶咖啡粉

1. 将烤箱预热至 200℃；在烤盘内放上烘焙纸。
2. 在碗中混合黄油、软红糖、细砂糖、鸡蛋、香草精和牛奶，并搅拌至蓬松。
3. 在另外一个碗中混合面粉、盐、小苏打、发酵粉和速溶咖啡粉，然后加入步骤 2 中的混合液，搅拌均匀。

4. 将步骤 3 中的面团捏成一个个直径为 2.5 cm 的小圆球（如果面团太软无法成形，可以先将面团冷藏一会儿）；将小圆球放入烤盘中，每个相隔 5 cm。
5. 用蘸了糖的叉子或玻璃杯将小圆球压成 1 cm 厚的面饼；烤 8 ~ 10 分钟，直到面团变成浅棕色。

夏威夷果小方饼

Macadamia Coconut Squares

准备时间：30 分钟，烘烤时间：1 小时 10 分钟

250 g	黄油
440 g	红糖
4 茶匙	速溶咖啡粉
1/2 茶匙	肉桂粉
1/2 茶匙	盐
300 g	中筋面粉
3 个	鸡蛋
2 茶匙	香草精
150 g	椰蓉
300 g	烤夏威夷果碎

1. 将烤箱预热至 170℃。
2. 在 22 cm × 33 cm 的烤盘中涂些许黄油，放置备用。
3. 在大搅拌钵中加入黄油、220 g 红糖、咖啡粉、1/4 茶匙肉桂粉、1/4 茶匙盐，搅拌至膨松状；逐次加一点面粉并搅拌均匀。
4. 将步骤 3 中的面团均匀摊在准备好的烤盘中，烤 20 分钟；烤好后放在烤盘中冷却 15 分钟。

5. 取一个大碗，加入鸡蛋、香草精，以及剩下的红糖、肉桂粉、盐进行搅拌；加入椰蓉和烤夏威夷果碎；然后将上述材料均匀地涂抹在步骤 4 冷却好的面团上。
6. 将面团再次放入烤箱中烤40 ~ 50分钟，直至变成金棕色，手感变硬；烤好后待温度下降时，用小刀沿着烤盘边缘划绕一圈，使饼块松动。
7. 将步骤 6 中的饼块放于金属架上待其完全冷却后，横切 6 刀、竖切 6 刀，切成 48 个小方块。
8. 做好的饼干在室温条件下储存于密闭容器中即可。

卡布奇诺脆饼

Cappuccino Crisps

准备时间：1小时，烘烤时间：8分钟

250 g	无盐黄油
220 g	白糖
60 g	可可粉
1/4 茶匙	肉桂粉
1 个	鸡蛋
2 茶匙	速溶咖啡粉
1 茶匙	香草精
300 g	中筋面粉

糖衣

320 g	精制细砂糖
60 ml	热牛奶
60 g	黄油
4 茶匙	糖浆
2 茶匙	速溶咖啡粉
1 茶匙	香草精
1 茶匙	橄榄油
1/4 茶匙	盐

1. 将无盐黄油、白糖、可可粉和肉桂粉放入大碗中混合，然后打入鸡蛋。
2. 在杯子中加入咖啡粉、香草精和 1 茶匙水，搅拌至咖啡粉溶解；然后将其加入步骤 1 的黄油面团中。
3. 加入面粉，低速搅拌直至所有材料均匀混合；将面团分成两半放入平底盘中，包上保鲜膜冷冻至变硬。
4. 将烤箱预热至 190℃；准备好 75 mm 的星形曲奇成形刀。
5. 在撒了面粉的桌面上将面团揉搓至约 5 mm 厚；用成形刀切出星形饼干，放在无油烤盘上，每个饼干间隔 25 mm。
6. 将饼干烤 8 分钟，直至变脆。
7. 将糖衣装入塑料袋中，挤至一角，将该角剪个口，然后在饼干上画“之”字。

糖衣

在中号碗中放入细砂糖，缓慢加入热牛奶搅拌至顺滑；加入黄油搅拌至均匀混合，然后加入其余的原料和 1 茶匙热水即可。

巧克力咖啡夹心卷

Chocolate Coffee Tuiles

准备时间：20 分钟，烘烤时间：5 分钟

2 个	蛋白
110 g	细白砂糖
1/2 茶匙	速溶咖啡粉， 溶于 1/2 茶匙水中
1 茶匙	香草精
4 茶匙	可可粉，过筛
5 茶匙	牛奶
60 g	黄油，融化后冷却

1. 将烤箱预热至 170℃。
2. 在碗里放入蛋白，打发至湿性发泡；逐量加细白砂糖并搅拌至混合液顺滑、细白砂糖溶解；在蛋白混合液中调入咖啡、香草精、可可粉、牛奶和黄油。
3. 将上述混合液一勺勺舀起放在已抹油的烤盘上，每团相隔10 cm，烤5分钟，直至边缘凝固；将饼干从烤盘上拿出，将每片饼干裹在木勺的把手上，冷却2分钟至其凝固。剩余原料重复上述步骤即可。

咖啡小饼干

Coffee Biscuits

准备时间：15 分钟，烘烤时间：30 分钟

110 g	黄油
85 g	白糖
1 个	鸡蛋
1 茶匙	咖啡精
225 g	自发粉

咖啡糖衣

45 g	黄油，软化
105 g	精制细砂糖
2 茶匙	速溶咖啡粉

1. 将烤箱预热至 180℃。
2. 在碗中将黄油和白糖混合；加入鸡蛋搅拌均匀；加入咖啡精和自发粉搅拌均匀。
3. 将步骤 2 中的面团揉搓成一个个小圆球并用叉子摊平。
4. 放入烤箱烤 30 分钟，冷却后加咖啡糖衣即可。

咖啡糖衣

将黄油、细砂糖和咖啡粉混合，搅拌至顺滑即可。

Coffee Cake
咖啡蛋糕

“咖啡配蛋糕”，听起来便十分诱人。本章我们将介绍一些绝佳的蛋糕食谱，来与上等的美味咖啡相配。这些蛋糕很容易做，同时，也能给您带来极致的享受。

卡布奇诺芝士蛋糕

Cappuccino Cheesecake

准备时间：30 分钟，烘焙时间：1 小时 20 分钟

底层

225 g 精细坚果碎（杏仁、核桃仁）

30 g 糖

60 g 融化的黄油

馅料

1 kg	奶油干酪，放置在室温下
225 g	糖
12 茶匙	中筋面粉
4 个	大鸡蛋
250 ml	酸奶油
4 茶匙	速溶咖啡粉
1/4 茶匙	肉桂粉
适量	发泡鲜奶油
适量	咖啡豆

1. 将烤箱预热至 160℃。

底层

2. 将坚果碎、糖和黄油均匀混合，放入直径为 23 cm 的脱

底烤盘底部压实；放入烤箱烘烤 10 分钟，然后从烤箱中拿出待其冷却；接着将烤箱温度调至 230℃。

馅料

3. 将奶油干酪、糖和面粉放入电动搅拌机中速搅拌至充分混合；加入鸡蛋，每次加一个，混合均匀后再添加下一个；加入酸奶油。
4. 用 60 毫升沸水溶解咖啡粉和肉桂粉，冷却后慢慢加入奶油干酪混合物里，搅拌至充分混合，再倒在蛋糕底座上。
5. 放入烤箱中烘烤 10 分钟，再将烤箱温度调至 120℃，并继续烘烤 1 小时。
6. 用小刀从烤模边缘松动蛋糕，待其冷却后再移至冰箱冷藏；最后在蛋糕顶上放上发泡鲜奶油和咖啡豆即可。

可可摩芝士蛋糕

Cocomo Cheesecake

准备时间：30 分钟，烘焙时间：1 小时 15 分钟

底层

120 g　消化饼干碎
45 g　糖
60 g　融化的黄油

馅料

60 g　烹饪巧克力
45 g　黄油
500 g　奶油干酪，放置在室温下
270 g　糖
5 个　大鸡蛋
60 g　椰子片

上层

250 ml　酸奶油
30 g　糖
30 ml　西番莲利口酒
1 茶匙　速溶咖啡粉
适量　可可粉

1. 将烤箱预热至 175℃。

底层

2. 将饼干碎、糖和黄油均匀混合，放入直径为 23 cm 的脱底烤盘底部压实，放入烤箱烘烤 10 分钟。

馅料

3. 用小火融化巧克力和黄油，并搅拌至顺滑。
4. 将奶油干酪和糖倒入电动搅拌机，中速搅拌直至充分混合；加入鸡蛋，每次加一个，混合均匀之后再添加下一个；加入步骤 3 中的混合物和椰子片搅拌后，倒在蛋糕底层上。
5. 放入烤箱烘烤 60 分钟，或烘烤至成形。

上层

6. 将酸奶油、糖、酒和咖啡粉混合后，铺在烤好的芝士蛋糕上。
7. 将烤箱温度调至 150℃，将蛋糕放入烤箱再次烘烤 5 分钟。
8. 用小刀从烤盘边缘开始松动蛋糕，待其冷却后再移至冰箱冷藏；最后在蛋糕表面撒满可可粉即可。

咖啡核桃蛋糕

Coffee and Walnut Surprises

准备时间：20 分钟，烘焙时间：20 分钟

250 g	黄油，放置在室温下
105 g	糖
2 个	鸡蛋
45 ml	百利甜酒
105 g	核桃仁碎
8 茶匙	速溶咖啡粉
225 g	低筋面粉

酱料

105 g	细砂糖
240 ml	浓缩奶油
4 茶匙	速溶咖啡粉

1. 将烤箱预热至 180℃。
2. 将黄油和糖一起打发至轻薄松软，然后加入鸡蛋、百利甜酒和核桃仁碎搅拌；将咖啡粉和面粉过筛后，加入其中一起混合。
3. 将 12 孔的玛芬烤模或蛋清松饼烤模刷上少量黄油，然后将步骤 2 中的混合物均匀地倒入其中。

4. 将步骤 3 中的材料放入烤箱，烘烤 15 ~ 20 分钟或者烘烤至膨胀定形。
5. 将烘烤好的蛋糕冷却 10 分钟，然后从烤模中倒出，倒上酱料，可搭配茶或是咖啡和爱尔兰奶油利口酒食用。

酱料

在炖锅中加入细砂糖和 60 ml 水，加热直至混合液沸腾、糖全部溶解，然后降低火力炖至金黄；最后加入奶油和咖啡粉，煮沸后慢炖至咖啡粉溶解、酱汁浓稠即可。

意式浓缩咖啡蛋糕

Espresso Cake

准备时间：30 分钟，烘焙时间：55 分钟

半杯 细磨咖啡粉
200 g 黄油
270 g 糖
3 个 鸡蛋
4 茶匙 香草精
300 g 中筋面粉
3 茶匙 发酵粉
适量 糖粉，撒在蛋糕上

咖啡奶油

300 ml 浓缩奶油
4 茶匙 糖粉，制糖衣用
45 ml 特浓咖啡

1. 将烤箱预热至 180℃。
2. 在 1/4 杯细磨咖啡粉中倒入 250 毫升沸水浸泡 5 分钟；在一个大碗中放入黄油，将泡咖啡粉的液体滤出，倒入碗中，搅拌至黄油融化。

3. 加入糖、鸡蛋和香草精，用木勺子打发至均匀混合；加入过筛的面粉和发酵粉，以及剩下的细磨咖啡粉。
4. 将步骤 3 中的混合物倒入一个铺好烘焙纸的 20 cm 见方的方形蛋糕烤模中，放入烤箱烘烤 50 ~ 55 分钟，或直至蛋糕轻轻一按就能快速弹起。
5. 将烘烤好的蛋糕在模具中冷却 10 分钟，然后移至冷却架上，在其表面撒满糖粉，即可搭配咖啡奶油食用。

咖啡奶油

先打发奶油至松软，然后加入糖粉和咖啡即可。

摩登安扎克蛋糕

Modern Anzac Cake

准备时间：30 分钟，烘焙时间：1 小时 10 分钟

125 g	黄油，放置在室温下
200 g	糖
2 个	鸡蛋
1 茶匙	香草精
90 g	杏仁粉
12 茶匙	可可粉
30 g	椰丝
200 g	低筋面粉
315 g	酸奶油
125 ml	浓缩咖啡

上层

210 g	糖
75 ml	糖浆
75 g	黄油
150 g	杏仁片
30 g	椰丝
30 g	燕麦片

1. 将烤箱预热至160℃，将一个直径为24 cm的蛋糕烤模涂一层黄油。
2. 将黄油和糖搅拌至浅色黏稠状；然后加入鸡蛋，先加一个，混合均匀之后再添加另一个；加入香草精，搅拌至充分混合。
3. 另取一个碗，将杏仁粉、可可粉、椰丝和面粉混合。
4. 把步骤3中一半的面粉混合物拌入步骤2的糊状物中，加入酸奶油，轻轻地搅拌，再加入剩下的面粉混合物和浓缩咖啡搅拌均匀。
5. 将步骤4中的材料装入预热好的烤箱中烘烤1小时，直至松软且熟透。

上层

6. 在一个小的炖锅里倒入150毫升水和糖，用文火加热，并不断搅拌至糖溶解。待其开始沸腾的时候，停止搅拌，慢炖约5分钟，边煮边用软毛刷将锅周边的糖往下刷。当混合物变成浅金色的时候，将锅离火，加入糖浆、黄油、杏仁片、椰丝和燕麦片搅拌均匀。若有需要，可以再回火，让原料混合得更加充分。蛋糕在烘烤了1小时之后，将其从烤箱中拿出，把混合物倒在蛋糕上，然后再放入烤箱，烘烤10分钟，直至上层蛋糕定形。
7. 将蛋糕从烤箱中拿出，在烤模中冷却10分钟，用小刀从烤模边缘松动蛋糕，并将蛋糕移至金属架上待其完全冷却，一道极佳的冬日甜点就完成了。

枣蓉纸杯蛋糕

Sticky Date Cupcakes

准备时间：12 分钟，烘焙时间：20 分钟

2 个	鸡蛋
135 g	黄油，放置在室温下
165 g	细砂糖
150 g	低筋面粉，过筛
400 g	枣泥
2 茶匙	速溶咖啡粉
1 茶匙	小苏打
1 茶匙	香草精
105 g	研磨杏仁粉
60 g	核桃仁碎

上层

210 g	黄砂糖，压实
60 g	无盐黄油
1 茶匙	香草精
250 ml	发泡鲜奶油
12 颗	枣

1. 将烤箱预热至 160℃；准备一个可以做 12 个纸杯蛋糕的烤盘，摆好纸杯蛋糕纸托；在碗里轻轻地打入鸡蛋，加入黄油和细砂糖，搅拌混合至顺滑。

2. 加入 180 毫升水和面粉，搅拌至均匀混合；加入剩下的原料，用木勺搅拌 2 分钟，直至混合物呈奶油状。
3. 将步骤 2 中的混合物均匀分入蛋糕纸托中，放入烤箱烘烤 18 ~ 20 分钟，直至蛋糕膨胀、摸起来是硬的，冷却几分钟后转移到金属架上待其完全冷却即可。

上层

4. 与此同时，在炖锅中加入黄砂糖、黄油、香草精和 1 汤匙水，开中小火慢炖，并不断搅拌；然后停止搅拌，煨 1 分钟后离火冷却；最后拌入发泡鲜奶油，将混合均匀的材料舀在纸杯蛋糕上，并在顶上放一颗枣。

意式提拉米苏

Torta Tiramisu

准备时间：1 小时，烘焙时间：45 分钟

6 个	鸡蛋的蛋清
一撮	盐
230 g	细砂糖
100 g	烤杏仁粉
1 汤匙	糖粉，制糖衣用
45 g	玉米淀粉

馅料

7 茶匙	吉利丁
125 ml	咖啡利口酒
125 g	细砂糖
45 g	速溶咖啡粉
500 g	马斯卡彭芝士
4 个	蛋黄
250 ml	浓缩奶油，打发
80 g	黑巧克力碎
适量	可可粉，撒在蛋糕上

1. 将烤箱预热至 180℃；准备 2 个直径为 24 cm 的蛋糕烤模，刷上少量黄油。

2. 首先，制作酥皮基底。在搅拌器中加入蛋清和盐打发至硬性发泡，然后少量多次地慢慢加入细砂糖，以最高速搅打 10 分钟至糖完全溶解，且混合物厚实有光泽。
3. 另取一个碗，将杏仁粉、糖粉和玉米淀粉搅拌混合，再轻轻拌入步骤 2 中的材料；将搅拌好的混合物平均分到蛋糕烤模内，放入烤箱，烘烤 45 分钟，然后待其完全冷却。（如果没有 2 个直径为 24 cm 的蛋糕烤模，就分两次烘烤。）

馅料

4. 在小碗中放入吉利丁和 60 毫升水，隔沸水加热，或用微波炉高火加热 10 秒；取一个炖锅，加入咖啡利口酒、细砂糖和咖啡粉煮沸；拌入融化的吉利丁并使其混合均匀，置于一旁备用；把马斯卡彭芝士放入搅拌钵，打入蛋黄和上述混合物，慢慢拌入打发好的浓缩奶油，并轻轻搅拌。
5. 组装蛋糕时，将其中一个酥皮基底放在直径为 23 cm 的蛋糕模底部，然后倒入一半的馅料，均匀涂抹在酥皮上，撒上 40 g 黑巧克力碎；再放上第二层酥皮基底，并轻轻压实，涂抹上剩下的馅料，撒上剩下的黑巧克力碎，冷藏至少 2 小时；然后仔细地用小刀从模具边缘移出蛋糕，让蛋糕从底部滑出，最后在蛋糕顶层撒上可可粉即可。

摩卡慕斯卷

Mocha Mousse Roll

准备时间：40 分钟，烘焙时间：30 分钟

180 g	黑巧克力碎
60 g	黄油
5 个	鸡蛋，蛋黄、蛋清分离
45 ml	添万利
75 g	细砂糖
8 茶匙	过筛的可可粉
4 茶匙	速溶咖啡粉
250 ml	浓缩奶油

1. 将烤箱预热至 180℃。取出一个瑞士卷烤模，轻轻刷上黄油，并摆好烘焙纸。
2. 将黑巧克力碎和黄油放入碗中，隔水融化，并搅拌至丝滑。
3. 在步骤 2 的材料中打入蛋黄，每次加一个，完全打发之后再添加另一个；然后拌入添万利。
4. 在小碗里打发蛋清至形成软的尖角；慢慢加入细砂糖，打发至混合物厚实有光泽；拌入步骤 3 中的材料，搅拌至充分混合。
5. 将混合物均匀地铺在瑞士卷烤模内，放入烤箱烘烤 30 分钟，直到蛋糕定形；将蛋糕倒在一张防油纸上，撒上过筛的可可粉做点缀；移走防油纸，待其冷却。

6. 将咖啡粉和1汤匙沸水混合，然后冷却；打发浓缩奶油至形成软的尖角，拌入咖啡液和1汤匙添万利；然后将上述混合物均匀地铺在蛋糕上，纵向卷起，可用纸做辅助；放入冰箱冷藏直至定形，最后切块即可。

咖啡三明治蛋糕

Coffee Sandwich Cake

准备时间：1 小时，烘焙时间：35 分钟

250 g	黄油，放置在室温下
220 g	细砂糖
6 个	鸡蛋
300 g	低筋面粉，过筛

酥皮

60 g	黄油，软化
120 g	糖粉，过筛，制糖衣用
1/2 茶匙	肉桂粉
2 茶匙	速溶咖啡粉，在 2 茶匙热水中溶解，然后冷却

馅料

4 茶匙	咖啡利口酒
120 ml	发泡鲜奶油

1. 将烤箱预热至 160℃。
2. 将黄油和细砂糖放入料理机搅拌至顺滑；再加入鸡蛋和面粉，继续搅拌至所有原料都充分混合。

3. 准备 2 个 18 cm 的蛋糕烤模，涂上黄油，舀入步骤 2 中的面糊，放入烤箱烘烤 30 ~ 35 分钟，或烤至金黄，并且用叉子检验，确保蛋糕已经全熟；然后将蛋糕放在金属架上冷却。

酥皮

4. 制作酥皮：将黄油、糖粉、肉桂粉和咖啡放入料理机搅拌至轻薄松软。

馅料

5. 将咖啡利口酒拌入发泡鲜奶油中。
6. 将馅料涂抹在其中一块蛋糕上，然后放上另外一块蛋糕，再将酥皮放在蛋糕顶层即可。

摩卡蛋糕甜点

Mocha Dessert Cake

准备时间：20 分钟，烘焙时间：1 小时

100 g	烹饪巧克力
150 g	黄油
220 g	糖
250 ml	浓黑咖啡
1 杯	中筋面粉
37 g	玉米淀粉
1 个	鸡蛋
适量	可可粉

1. 将烤箱预热至 160℃，准备一个直径为 20 cm 的圆形蛋糕烤模，在底部铺上烘焙纸。
2. 在一个足够大的炖锅里，放入巧克力、黄油、糖和咖啡，搅拌混合，并微微加热至材料全部融化，变得丝滑。
3. 炖锅离火，筛入面粉和玉米淀粉，加入鸡蛋，用木勺子打发至顺滑，然后将混合物倒入蛋糕烤模中。
4. 将烤模放入烤箱烘烤 50 ～ 60 分钟，或烤至蛋糕定形；烘烤好后，让蛋糕先在烤模里静置 10 分钟，再转移到冷却架上。
5. 撒上可可粉，即可配以水果食用。

Coffee Dessert
咖啡甜点

本章你将看到由我们的大厨精选的上等咖啡甜点食谱。你一定能够从中找到几款最爱，比如有可能是“速成提拉米苏”和“咖啡核桃派”。当然还有其他甜点，一定可以满足你的味蕾。来吧！用美味的咖啡甜点，让我们的一天变得更美好吧！

摩卡奶油

Mocha Cream

准备时间：15 分钟

375 ml	稠化奶油
4 茶匙	香草精
2 茶匙	速溶咖啡粉， 溶解在 45 ml 水中
4 个	鸡蛋的蛋清
105 g	细白砂糖
105 g	融化的黑巧克力
60 ml	咖啡甜酒
适量	咖啡豆

1. 混合奶油、香草精和速溶咖啡，打发至湿性发泡。
2. 将蛋清搅拌至黏稠，然后慢慢地加入细白砂糖，继续搅拌约 5 分钟至厚实有光泽。
3. 在步骤 1 的奶油混合物中加入融化的黑巧克力和咖啡甜酒；加入步骤 2 中打发的蛋清，慢慢拌匀；用勺子将混合物舀到 4 个杯子中，顶部撒上咖啡豆作为装饰。

咖啡巧克力慕斯

Coffee Chocolate Mousse

准备时间：25 分钟，料理时间：5 分钟

105 g 融化的黑巧克力
60 ml 浓缩咖啡
6 个 鸡蛋，蛋黄、蛋清分离
105 g 细白砂糖
少量 高脂厚奶油
少量 咖啡粉

1. 用双层蒸锅加热黑巧克力和浓缩咖啡；将蛋黄和细白砂糖搅拌至厚实，颜色变浅；将巧克力咖啡混合液加入蛋黄液中；将蛋清搅拌至出现湿性发泡；将蛋清液加入蛋黄混合液中拌匀。
2. 食用前，将慕斯放入冰箱冷藏 1 小时；食用时，加高脂厚奶油和咖啡粉即可。

卡布奇诺派

Cappuccino Pie

准备时间：30 分钟，烘焙时间：10 分钟

基底

200 g	巧克力小麦饼干
50 g	融化的黄油
4 茶匙	速溶咖啡粉

夹心

250 ml	牛奶
8 茶匙	速溶咖啡粉
60 g	糖
37 g	玉米粉
2 个	蛋黄

浇头

2 个	蛋白
105 g	糖
1/2 茶匙	可可粉
适量	巧克力棒

1. 将烤箱预热至 190℃。

基底

2. 将饼干压成中等大小颗粒的碎屑；倒入融化的黄油，加入咖啡粉，搅拌均匀；将混合物装入一个直径为 20 cm 的脱底烤盘或脱底蛋糕模中，放入冰箱冷藏，同时开始准备夹心。

夹心

3. 将牛奶、咖啡粉、糖和玉米粉混合搅拌，然后加热，加热过程中不断搅拌至沸腾，变厚实；关火，加入蛋黄，将混合液倒在步骤 2 中准备好的基底上。

浇头

4. 将蛋白搅拌至变稠，慢慢地加入糖，搅拌至厚实有光泽，然后浇在夹心上。
5. 将步骤 4 中的材料放入烤箱烤 10 分钟直到变成棕色；食用前撒上可可粉，用巧克力棒装饰即可。

咖啡核桃派

Coffee Pecan Pie

准备时间：9 小时，烘焙时间：50 分钟

派皮

225 g	中筋面粉	125 g	黄油
75 g	细砂糖	1 个	蛋黄

夹心

80 g	黄油	75 g	白糖
250 ml	糖浆	3 个	鸡蛋
120 g	粗切核桃仁	190 g	巧克力豆

1 茶匙　速溶咖啡粉，溶于 1 茶匙水中

酱料

4 茶匙　精制细砂糖

125 ml　高脂厚奶油

1/4 茶匙 香草精

派皮

1. 在料理机中将面粉、黄油和细砂糖混合，搅拌至呈面包屑状。
2. 加入蛋黄和足量的冷水使其形成面团，轻揉后用保鲜膜包起来，放入冰箱冷藏 30 分钟。

3. 将面团擀开，铺在 2 张烘焙纸上；在直径为 22 cm 的馅饼盘上涂点黄油，放上摆好面团的烘焙纸；将派皮放入冰箱冷藏备用。

夹心

4. 将烤箱预热至 190℃；用中号炖锅开低火融化黄油，加入白糖和糖浆搅拌均匀后，放置一旁冷却。
5. 用搅拌钵将鸡蛋搅拌均匀，加入切碎的核桃仁和步骤 1 中的黄油混合液，加入咖啡搅拌均匀；将巧克力豆均匀铺在派皮底部。
6. 将步骤 2 的混合液倒入派皮中，放入烤箱烤 45 ~ 50 分钟直至夹心凝固。
7. 给馅饼盘盖上盖子，在室温下放置约 8 小时，注意放置后派应该是软的。

酱料

8. 拿一个小搅拌钵，加入奶油、细砂糖和香草精，搅拌至黏稠，与核桃派一起食用即可。

摩卡冰激凌

Mocha Ice Cream

准备时间：20 分钟

4 个	蛋黄
105 g	细砂糖
45 ml	咖啡甜酒
1 茶匙	速溶咖啡粉
100 g	黑巧克力碎
375 ml	冷脱脂牛奶
250 ml	稠化奶油，打发

1. 将蛋黄、细砂糖、咖啡甜酒、咖啡粉和黑巧克力碎混合后，放置于双层炖锅的上层。
2. 炖锅加入温水，边加热边搅拌至巧克力融化（注意不要煮至沸腾），然后待其冷却。
3. 加入牛奶和奶油；将混合液倒入冰激凌机中，搅拌大约 40 分钟至材料变硬，刀片停止转动。做好后可立即食用，也可以装进容器中冷冻起来。

提拉米苏冰激凌

Tiramisu Ice Cream

准备时间：2 小时 45 分钟

30 g 细砂糖

60 ml 热浓缩咖啡

425 g 即食奶油冻

250 g 马斯卡彭芝士

100 g 可可杏仁饼干，切碎

60 ml 马沙拉白葡萄酒

少量 巧克力

1. 将细砂糖和咖啡混合，搅拌至细砂糖溶化；将奶油冻和马斯卡彭芝士混合，搅拌至顺滑，然后加入咖啡混合液搅拌均匀。
2. 将上述材料倒进容器中冷冻 1 小时至形成冰晶；取出，搅拌至细滑，然后继续冷冻 30 分钟。
3. 在切碎的可可杏仁饼干上淋上马沙拉白葡萄酒，与冻好的冰激凌一起快速搅拌；用蔬菜削皮器削一些巧克力卷作为装饰。

注意

这款冰激凌含有制作提拉米苏的所有传统原料。如果使用冰激凌机，则可缩短冷冻时间，但它也并非必需的工具。

速成提拉米苏

Quick Tiramisu

准备时间：2 小时

250 ml	浓咖啡
120 ml	添万利
250 ml	稠化奶油
250 ml	马斯卡彭芝士
75 g	细砂糖
24 根	手指饼干
50 g	黑巧克力碎

1. 将咖啡和添万利混合，放置一旁备用。
2. 搅拌奶油至形成湿性发泡，加入马斯卡彭芝士和细砂糖。
3. 在步骤 1 的混合液中一次浸入 2 根手指饼干，然后放在玻璃杯底（如果放不下，可以把手指饼干分成两半）；在顶部加入步骤 2 中的材料，并撒上一些黑巧克力碎；重复该步骤，再做两层。
4. 在玻璃杯上盖上保鲜膜，放入冰箱冷冻 2 小时。

墨西哥咖啡球

Mexican Coffee Balls

准备时间：20 分钟

250 g	巧克力威化饼，压碎
250 g	去皮碎杏仁
30 g	无糖可可粉
75 g	白糖
8 茶匙	速溶咖啡粉
80 ml	咖啡甜酒
125 ml	糖浆
适量	肉桂糖

1. 将巧克力威化饼碎、杏仁碎、可可粉和白糖混合。
2. 将咖啡粉溶于咖啡甜酒中，同时在步骤 1 的材料中拌入糖浆，加入咖啡混合液，搅拌均匀。
3. 将步骤 2 中的混合物揉成直径为 5 cm 的小球，裹上肉桂糖，存放在冰箱中。

咖啡萨芭雍

Coffee Zabayon

准备时间：20 分钟，料理时间：15 分钟

4 个	蛋黄
30 g	白糖
60 ml	特浓咖啡
125 ml	咖啡甜酒
少许	肉豆蔻
1 个	柠檬皮
少量	可可粉
少量	发泡鲜奶油

1. 在碗中将蛋黄和白糖混合，搅拌至均匀。
2. 将碗放在双层蒸锅上，温度控制在 45 ~ 50℃之间。
3. 一边加入咖啡、甜酒、肉豆蔻和柠檬皮，一边搅拌；将混合液倒入电动搅拌器中，搅拌至奶油状。
4. 将步骤 3 中的混合物倒入高脚杯中，以发泡鲜奶油和可可粉装饰即可。这款萨芭雍也可以与巧克力冰激凌一起食用。

咖啡夏洛特

Coffee Charlotte

准备时间：3 小时 20 分钟

100 g	焦糖
1 个	鸡蛋
300 ml	稠化奶油，打发
8 茶匙	速溶咖啡粉， 溶于 1 茶匙水中
60 ml	朗姆酒
200 g	手指饼干
少许	可可粉

1. 将焦糖和鸡蛋混合，搅拌至轻柔膨松，加入奶油和咖啡，备用。
2. 在朗姆酒中加入半杯水；将手指饼干浸入朗姆酒混合液中，然后放入烤盘；上面再加几层步骤 1 中的奶油混合物和饼干（二者交替层叠加入），顶层放饼干。
3. 将烤盘放入冰箱冷冻 3 小时，食用前将点心从烤盘上拿下来，撒上可可粉即可。

注意

如果想做咖啡烤梨，只要将苹果替换成梨即可。

咖啡烤苹果

Baked Coffee Apples

准备：20 分钟，烘焙：30 分钟

6 个	大苹果
250 g	粗糖
60 片	核桃仁
30 g	黄油
2 小杯	浓咖啡（非浓缩咖啡）

1. 将烤箱预热至180℃；苹果去皮、去核，小心不要破坏果肉。
2. 将 80 g 粗糖和核桃仁混合，填入苹果中，顶上再加一小块黄油。
3. 在烤盘中涂上黄油，将苹果立着放置其中。
4. 同时，将 100 g 粗糖和浓咖啡混合，加热至均匀混合。
5. 将步骤 4 中的糖浆抹在苹果上，然后将烤盘放入烤箱。
6. 烘焙中，注意收集烤盘底部的果汁，再将其浇到苹果上；苹果差不多烤熟后，把烤盘放在火上，撒上剩余的粗糖，待粗糖稍微焦化后即可食用。

咖啡姜杏仁面包

Coffee and Ginger Almond Bread

准备时间：20 分钟，烘焙时间：1 小时 35 分钟

150 g　面粉

2 茶匙　咖啡粉

3 个　蛋清

105 g　细砂糖

120 g　无盐杏仁或榛子仁

105 g　糖渍姜，切丁

1. 将烤箱预热至 170℃；在 7 cm × 24 cm 的烤模中轻喷或刷上不饱和油。
2. 在碗中筛入面粉和咖啡粉；在另一个碗中打入蛋清，搅拌至形成湿性发泡；慢慢加入细砂糖，继续搅拌至细砂糖溶解；加入面粉咖啡粉混合物；加入杏仁和姜丁。
3. 用勺子将面团舀进准备好的烤模中，放入烤箱烘烤 35 分钟，将烤模拿出，放在铁架上完全冷却；然后将面包从烤模上取下，用锡箔纸包起来，储存于阴凉处 1 ～ 3 天。如果储存 2 ～ 3 天，做好的面包会更脆。
4. 将烤箱预热至 120℃；用锋利的锯齿刀或电切刀将做好的长面包切成薄片；将面包薄片放在未涂油的烤盘里，放入烤箱烤 45 ～ 60 分钟，至变干变脆；烤好后取出放在铁架上，冷却后储存在密闭容器里即可。

注意

这个食谱可以任凭你自由发挥。你可以使用任何一种坚果、干果或自己喜欢的佐料。如果想做成欢乐喜庆的风格，可以尝试加入樱桃、杂果皮和巴西核桃仁；如果想要表现出东方异域风情，可以尝试加入开心果、糖渍梨和小豆蔻粉。

咖啡拉花索引

Index of Coffee Art

食谱索引

Index of Recipes

---

[1]：一种专为儿童调制的不含咖啡因的饮料。